川西侏罗系河道砂体分布定量预测

刘成川　赵　爽　王勇飞等　著

科学出版社

北　京

内 容 简 介

本书以编者团队从川西拗陷陆相远源河道砂体刻画中取得的研究成果为基础，以砂体刻画和砂体定性和定量预测为核心编写。全书共分为六章，第一、二章分别介绍河道砂体刻画方法和研究区地质概况；第三到五章重点阐述利用层序地层学小层划分对比、沉积微相精细刻画的手段，进行河道砂体的定性和定量预测；第六章对川西拗陷砂体定量预测的应用进行阐述。

本书可供从事石油地质、油气田勘探开发以及相关领域的技术人员和高校师生等科研工作者参考阅读。

图书在版编目(CIP)数据

川西侏罗系河道砂体分布定量预测 / 刘成川等著. —北京：科学出版社，2023.3

ISBN 978-7-03-073575-1

Ⅰ.①川…　Ⅱ.①刘…　Ⅲ.①河道-砂体-统计预测-研究-川西地区　Ⅳ.①P588.21

中国版本图书馆 CIP 数据核字 (2022) 第 203094 号

责任编辑：李小锐 / 责任校对：彭　映
责任印制：罗　科 / 封面设计：墨创文化

科 学 出 版 社 出版
北京东黄城根北街16号
邮政编码：100717
http://www.sciencep.com
四川煤田地质制图印务有限责任公司 印刷
科学出版社发行　各地新华书店经销
*
2023 年 3 月第　一　版　　开本：787×1092 1/16
2023 年 3 月第一次印刷　　印张：9 1/4
字数：219 000
定价：138.00 元
(如有印装质量问题，我社负责调换)

《川西侏罗系河道砂体分布定量预测》

作者名单

刘成川　　赵　爽　　王勇飞

邓虎成　　伏美燕　　段永明

前　　言

　　油气勘探领域中致密砂岩气已成为全球非常规天然气勘探的重点和热点。全球已发现或推测发育致密砂岩储层的盆地数量超 70 个，分布地区涵盖了亚洲、欧洲及北美地区，国内如四川、鄂尔多斯、吐哈、松辽等盆地皆有致密砂岩储层分布。由于起步较晚，我国致密砂岩气的勘探开发技术相对落后。近年来，该领域迅速发展，致密砂岩气逐步成为天然气的重要组成部分。

　　致密砂岩气藏的勘探存在诸多难点，如沉积物源分析、砂体结构精细刻画、单砂体纵横向展布规律、砂体连通性评价等。由于川西拗陷侏罗系致密砂岩具有距离物源区远、河道窄、厚度薄、非均质性强等地质特征，对河道内部砂体构型的认识不足，使这类远源窄河道强非均质性致密砂岩储层的分布预测面临巨大挑战。

　　本书从川西拗陷侏罗系致密砂岩气藏开发的实例出发，探索了一套远源河道砂岩储层的定量预测方法，在此基础上开展的气藏类型研究为川西拗陷地区的天然气开发起到重要支撑作用。本书介绍了川西拗陷侏罗系陆相远源河道砂岩沉积相与沉积体系、河道砂体定性和定量预测、砂体定量预测的应用等方面的内容。具体为：以高分辨率层序地层划分与对比为基础，结合地震相和物源多元综合分析判别方法，对沉积微相进行了准确识别；通过定性的方法划分了砂体构型单元并对其内部构型单元的接触模式进行解剖，包括分析河道砂体的展布特征及砂体叠置模式、划分河道类型；利用叠前地质统计学反演和叠合阻抗反演进行了河道砂体的定量预测。本书提出的河道砂体定量预测方法对川西拗陷侏罗系砂体进行了预测，为气藏类型划分提供了基础，并阐述了窄河道砂体的天然气富集机理。同时，在储层定量预测的基础上，提出地震叠后常规属性含气性预测和基于双相介质理论地震叠后资料含气性检测技术，提高了储层钻遇和获得工业气流的成功率。

　　本书内容基于作者团队多年来的研究和工程实践经验，主要具有以下三个特点：

　　（1）分区、分小层、分河道，以地震预测为基础，以地质精细描述为手段，传统的旋回-厚度对比与高分辨率层序地层划分对比相结合，建立了川西拗陷侏罗系陆相远源河道砂岩精细划分及对比技术。

　　（2）河道砂岩物源多元综合分析与沉积微相划分标志识别相结合，建立了沉积微相岩电交汇图版，井震结合，精细刻画出气藏主力层系河道砂体纵横向沉积特征，结合气井产能特征，形成了川西拗陷侏罗系陆相远源河道砂岩沉积微相精细描述技术，建立了优势沉积微相模式。

　　（3）针对河道砂岩储层含气性检测，尤其是含气丰度预测的世界级难题，攻关形成了基于孔隙介质渐进方程反演的流体检测技术、流体密度叠前反演含气饱和度检测技术，实现了河道砂岩储层流体相的定量预测。基于高精度岩石物理模板，在叠前三参数反演的基础上，借助井约束地质统计学反演提高地震分辨率，通过岩性与孔隙度模拟，实现储层岩相、物相定量预测，有效提高薄储层识别能力与预测精度。

对于国内外类似的致密砂岩气藏，本书所体现的研究成果具有广泛的推广应用前景，能够为负向构造带致密气藏的效益开发提供可靠的方法借鉴和技术支撑。

本书由刘成川和赵爽组织编写，王勇飞、邓虎成、伏美燕、段永明参与撰写及统稿，博士研究生张小菊、解馨慧、胡笑非、王琨瑜、兰浩翔、高淑敏参与部分章节的编写工作。文内使用的部分定义、算法、模型等，直接或间接地参考和引用了许多国内外专家学者的文献资料，这些资料已在参考文献中列出，在此一并表示感谢。

由于作者水平所限，书中可能存在疏漏之处，还请同行专家和读者予以批评指正。

目　　录

第一章 概 述

第一节 研 究 意 义

四川盆地位于扬子板块西缘和青藏高原东缘，受多期构造演化的影响，具有良好的油气富集条件。而川西拗陷侏罗系多发育以三角洲为主要沉积体系的致密砂岩气藏，是目前油气勘探开发的重点区域。该致密砂岩气藏具有河道窄、厚度薄、非均质性强等地质特征，气藏的效益开发仍面临五大难题：一是川西拗陷侏罗系致密砂岩气藏广泛连续分布，表现出"高低位(构造位置)、高低孔(储层孔隙度)富气共存"的特征，油气运聚机理和分布规律复杂，传统的静态选区评价技术不能有效地对有利区带以及"甜点"(sweet spot)分布进行预测；二是气藏河道砂岩数量众多，沉积规律复杂，多旋回，多流向，交错叠置现象普遍，且河道砂岩厚度薄，与围岩波阻抗叠置较为严重，地球物理特征隐蔽，河道砂岩精细刻画及储层精准预测难度大，高效勘探，规模增储难度大；三是气藏高产富集主控因素复杂，气藏为"断砂输导"的远源次生气藏，气藏断裂复杂，断层有效性分析难度大，气藏储层厚度薄、致密且非均质性极强，由此给气藏精细描述及定量评价带来极大的困难，直接影响开发评价的选区；四是气藏具有强烈的非均质性，同一河道不同区域含气性及产能差异大，如何最大限度地提高储量动用程度和单井产能成为优化开发技术的关键；五是气藏以窄河道、薄砂体为主，储层品质差、非均质性强、含气性差异大，常规工艺技术针对性不强，单井产能低，如何提高单井产能给压裂改造工艺技术带来较大挑战。

川西拗陷侏罗系陆相远源河道砂体面临诸多定量预测难题。例如：①优势沉积微相为三角洲平原分流河道、三角洲前缘水下分流河道，其次为三角洲前缘河口坝、三角洲前缘远砂坝、三角洲平原决口扇。储层厚度薄、纵横向变化快，河道宽度窄，大多数为 0.3～1km，河道砂体厚度薄，一般为 4～15m，且岩性和物性横向变化快。②川西拗陷中浅层主力砂体分布主要受分流河道控制，河道边界及期次刻画难度大。由于河道多，分布广，常规的单一地震属性很难刻画河道的边界，且纵向上多期砂体叠置，河道的期次刻画既是重点也是难点。③地震资料的品质、岩石物理分析结果的可靠性、砂体产状、地震反演的精度、定量预测算法的精度等都给河道砂体的精细预测带来不确定性。除河道砂体精细预测外，该致密砂岩气藏的含气丰度预测困难，研究区储层含气的敏感属性不明确，含气砂体预测难度大。同一河道气井的产能差别较大，个别气井甚至出现产水现象，但是储层饱含气、气水同产及产水砂体阻抗特征差异小，地震响应特征差异微弱，孔隙流体性质预测难度很大。因此，如何在复杂油气藏中预测流体性质，是川西拗陷勘探开发面临的新挑战。由于薄砂体的水平井井轨迹控制精度要求高，川西拗陷中浅层水平井钻井要求储层深度预测误差小于 5m。影响深度预测的最重要参数是速度，常规的速度仅能基本满足构造成图的要求，但是还不能达到精确控制水平井轨迹的要求。即使井点处的深度经过校正后能够与实钻吻合，但是经过插值外推后的井间速度和井外速度缺乏高精度的质量监控和校正，直接导致空间速度精度不高，从而影响气藏评价。

川西拗陷侏罗系致密砂岩气藏的整体气水关系复杂，钻井普遍低产，离效益开发差距甚大，增储上产目标未落实。河道砂岩期次多、宽度窄、非均质性强，造成钻井周期长，储层改造难度大，增产效果差。川西拗陷侏罗系陆相远源河道砂岩气藏实现高效开发，河通砂体的定量预测是关键。本书综合前人的研究成果，开展了川西侏罗系陆相远源河道砂岩沉积特征与分布定量预测研究，明确了优势沉积微相，形成了复杂"窄"河道砂多域多属性精细刻画及储层预测技术，阐明了河道砂岩优质储层分布规律，能提高储层预测和有利区划分的准确度，对气藏的勘探开发具有指导性意义。

第二节　国内外研究现状

一、砂体结构研究现状

自Allen(1977)在第一届国际河流沉积学会议(卡尔加里)明确提出河流构型(fluvial architecture)概念以来，国内外诸多学者开展了储层构型的相关研究工作。储层构型是指不同级次储层构成单元的形态、规模、方向及其叠置关系(Bridge and Leeder，1979；Miall，1988；Wu et al.，2008；Colombera et al.，2012)。Miall(1985，1988，2006)归纳总结出河流沉积中的9类构型单元：①河道；②砾石坝和底形；③砂质底形；④向下游增生体；⑤侧向增生体；⑥越岸细粒物；⑦沉积物重力流；⑧纹层砂席；⑨冲蚀凹坑。同时也提出了9级界面划分方案。

(1)0级界面(0th-order)：形成于数秒之间，一般代表牵引流中的纹层。

(2)1级界面(1st-order)：形成于数分钟到几小时，甚至1～2天，沙纹层理、交错层理中的细层是代表性沉积产物。

(3)2级界面(2nd-order)：形成于几天到几个月。这些沉积物形成于时间格架内的"水动力事件"。例如，在海相地层中，由于风暴作用形成的丘状交错层理；涨潮落潮形成的双黏土层、鱼骨状层理；在河流相地层中，沙丘迁移形成的交错层理，均为其代表产物。

(4)3级界面(3rd-order)：形成于几十年时间。周期性的洪水、枯水都会影响其沉积。单个边滩的侧积和心滩的前积是主要沉积产物。侧积体、前积体之间被落淤层或再作用面分隔。根据边滩或心滩上的植物分布情况，可大致判断其迁移速率。

(5)4级界面(4th-order)：时间跨度为数百年到数千年，为较大规模的水动力事件，如尺度为百年的洪水事件。4级界面旋回内的沉积产物和3级界面旋回内的沉积产物类似，只能通过沉积物的厚度、规模加以区别。一般来说，形成边滩或心滩复合体、小型串沟、洪泛平原、天然堤及决口扇。

(6)5级界面(5th-order)：时间跨度为几千年到上万年。主要的沉积事件是河道的废弃。在河流相地层中，边滩、心滩及古土壤沉积是其主要特征；而在三角洲中则往往沉积一个朵叶。所以，5级界面内包含一期完整河道沉积，在辫状河中可见到河道滞留、心滩复合体、废弃河道充填、洪泛沉积等。河流相地层中古土壤的形成一般要数千年，而古土壤的完全成熟则要上万年。三角洲中，一个朵叶的形成要 6000～8000 年，末次冰期后，密西西比河三角洲就是一个典型实例。

(7) 6 级界面：时间跨度为几万年到几十万年。类似于米兰科维奇的 5 级旋回，有可能是自旋回沉积，也有可能是异旋回沉积。在河流相地层中，一般形成叠置河道砂体。6 级界面往往为区域分布的下切河谷冲刷面。

(8) 7 级界面：时间跨度为几十万年到几百万年。类似于米兰科维奇的 4 级旋回，为异旋回沉积，受控于构造作用、气候变化、海平面升降等，为一套沉积体系，如河道沉积体系，7 级界面为区域分布的下切河谷冲刷面。

(9) 8 级界面：时间跨度为几百万年。类似于米兰科维奇的 3 级旋回，为盆地充填复合体，受控于构造作用，该界面往往为区域不整合面。Miall(1985，1996，2006)最早系统地提出了河流沉积的岩石相分类，随后又将其扩大到冲积体系，包括了 20 种岩石相，并用两个或三个字母的相代码来表示每种岩石相。其中，相代码中的大写字母指示了主要粒径(如 G=砾，S=砂，F=细砾)，小写字母指示了岩石相的特征性结构或构造(如 p=板状交错层理，m=基质支撑)。

最早的储层构型分析源自对河流相野外露头和现代沉积的研究。由于露头和现代沉积具有直观、易懂、便于精细研究等特点，所以国外把它作为一项认识地下地质的最重要的工作来做，投入了大量的人力和物力，许多重要的理论和方法均来自露头和现代沉积(穆龙新 等，2000)。近几年来，国内也有许多学者对野外露头和现代沉积做了大量研究工作并取得了一定的成果。张昌民等(1994)分别对南襄盆地西大岗的河流砂体露头、青海油砂山剖面分流河道砂体进行储层构型分析。李思田等(1991，1993)在陕甘宁地区做了大量的河流沉积露头精细解剖研究。张昌民等(2004)开展的大同辫状河露头精细解剖取得了丰富的成果。精细露头储层研究的最终目的在于建立高精度的储层地质模型。

Allen(1966，1983)、Williams 和 Rust(1969)、Jackson(1975)以及 Miall(1988，1996)的研究中均应用了层次分析的方法。在我国，张昌民(1992)最早对储层研究中的层次分析方法进行了详细论述。赵翰卿等(2000，2004)指出，层次分析法是研究复杂储层非均质体系的基本方法。到目前，储层层次分析已成为储层构型分析研究中的关键思想。国内地下储层研究最多的为河流沉积体系中的曲流河沉积，而曲流河中研究最多的当数点砂坝(裴怪楠和陈子琪，1996)。人们将储层层次与构型分析相结合，提出了储层层次构型分析法(Wu et al.，2008)，分层次、由大到小逐级研究不同规模的储层构型，掌握其内部隔挡层分布情况以及储层非均质性。岳大力等(2007)在对孤岛油田进行研究时，研制出一套系统解剖地下曲流河储层层次构型的方法，主要采用层次分析、模式拟合及多维互动的研究思路，将研究区曲流河河道分为窄条带和宽条带两种模式，其中的宽河道砂体内部还可进一步在复合河道内划分单河道、单河道内识别点坝以及点坝内部解剖。李阳等(2002)首次把储层构型分析法应用到胜利油田孤岛油区馆上段井下岩心的研究。近些年来，我国大部分油田剩余油分布极其复杂，油田综合含水率较高，已难以用常规的油藏描述方法进行研究，因此，储层构型分析法才逐渐被人们所认识并应用到储层精细研究中。利用该方法，结合各种新的研究方法以及新技术，人们对现代沉积和野外露头进行分析，建立了高精度的三维地质模型，并将该方法应用到对地下储层的研究中去，预测井间砂体展布，掌握地下剩余油分布规律，对油田进一步挖潜剩余油、提高油气采收率具有重要的意义。

随着我国油气勘探开发工作的不断推进，储层构型研究很快引起国内学者的重视。储层构型表征逐渐成为提高油田采收率的关键，现已成为油藏开发的重要地质基础。河流相砂体结构研究是地下储层构型研究的重要内容。砂体结构的研究是在精细地层对比和沉积模式建立的基础上进行的。对砂体结构特征，不同学者从多个方面开展了大量研究，有在层序地层格架内对砂体结构与演化进行研究的（王昌勇 等，2008；王纹婷 等，2009），有对各种单砂体及其不同组合类型进行详细研究的（李树同 等，2005；付锁堂 等，2010；陈昭佑和王光强，2010），也有通过对现代三角洲沉积砂体进行考察研究的（于兴河 等，1994）。诸多学者开展了砂体结构特征及其差异形成机理研究（赵翰卿和付志国，1995；何文祥 等，2005；隋新光，2006；马世忠 等，2008；李士祥 等，2013；胡浩，2016；解超 等，2018），为探明地下剩余油分布规律提供了理论依据。李士祥等（2013）开展了砂体结构特征剖析，提出了分流河道型砂体是在近物源、高能量、物源供给充足的条件下，河流入湖后河道的能量大于湖水的顶托作用，河道继续向前延伸，形成条带状的厚层垂向叠置砂体；而分流砂坝型砂体是在坡缓水浅、远物源、低能量的缓慢沉积条件下，湖水能量和河道入湖能量彼此强弱交替，形成了朵叶状的、单层厚度薄且不连续的砂体。胡浩（2016）针对剩余油挖潜，提出了 5 类砂体结构类型：叠加河道型、不稳定互层型、孤立河道型、稳定互层型、孤立薄层型，认为叠加河道型以河道间的相互切割、叠置为主要特征，是最好的一种砂体结构类型；孤立薄层型砂体分布密度小、物性差，是最差的一种砂体结构类型。解超等（2018）综合应用野外露头、现代沉积、测井、地震等资料，以河流相平面形态组合类型和废弃河道结构特征研究为基础，将多期次河流相砂体结构划分为 4 种类型：多边分汊式、多边合并式、单边式及侧向切叠式，认为河流相砂体结构受河道内部增生样式（侧向迁移、顺流迁移、溯源迁移）和可容纳空间/沉积物供给量（A/S 值）的影响。

二、沉积微相精细描述方法研究现状

沉积相是石油地质综合研究最基础、最重要的工作之一。在油田开发阶段，沉积微相的精细研究可以为油田开发方案的编制和调整、精细油藏描述和数值模拟提供沉积背景等方面的基础地质资料。川西拗陷侏罗系河道砂岩储层岩性横向变化大、砂体展布规律复杂，对沉积微相定量识别研究显得更为重要。

常规研究中，认为沉积微相特征在测井曲线上有所反映，如测井曲线幅度的高低、曲线的不同形态等均可反映不同的沉积环境（黄智辉，1986；潘仲祥，1987；马正，1994）。大量学者（黄智辉，1986；马世忠 等，2000；魏莲和肖慈珣，2001）利用定量的方法，采用人机联作对沉积相加以划分，在研究区中选取多口关键井，根据其沉积背景、岩性组合、相标志、电性特征等，按照相序关系，首先用传统的地质方法进行亚相和微相划分，然后将测井与地质结合，研究各种沉积微相的测井响应特征。通过主成分分析从各种测井参数中提取多个能反映沉积微相变化的测井相要素，建立各类沉积微相的测井识别模型，应用这些模型及相应的软件对区块的测井资料进行处理，根据测井资料对单井剖面沉积微相进行连续自动识别。

随着提取地震反演等技术的发展，利用地震属性识别沉积微相取得一些成果（曾洪流等，2012），但是很难挑选出最具显著特点的地震属性用于沉积微相解释（耿晓洁 等，2016；余威 等，2017）。利用反演得到的储层预测成果进行沉积微相解释，虽然在效果上优于地震属性方法（林承焰和张宪国，2006），砂岩厚度与沉积微相分布相关性较好，但两者并无精确的对应关系（金利，2012；李超 等，2013；马光克 等，2013；尹继全和衣英杰，2013）。如何准确利用地震数据进行沉积微相解释，是目前亟须解决的问题。

诸多学者基于井震联合，从定性到定量的研究思路，以地质统计学为分析工具实现了储层沉积微相的定量描述（夏竹 等，2016；张广远，2019；张善义和兰金玉，2019）。其中，夏竹等（2016）分别探讨了井数据类型的转换、井震数据相关性研究、敏感地震属性的优选、基于砂地比参数的沉积微相预测模型的建立等，依据模型的相关度选择合适的平面插值算法并成图，通过合理性和效果验证，最终完成井震联合的薄储层沉积微相的平面表征。张广远（2019）基于井数据和地震数据的关系模型，通过沉积相发生概率因子、距离因子、关联系数因子联立建立一种综合评价系数，探索井间沉积微相的定量描述方法。张善义和兰金玉（2019）利用灰色关联分析方法计算每个地震道与每口井模型道的灰色关联系数因子；其次计算有效砂岩厚度与沉积微相发生概率因子；最后利用关联系数因子和沉积相发生概率因子生成综合相似系数。通过比较地震道与井数据运算得到综合相似系数，找出相似性最高的井，并将这口井的沉积相划分结果赋值给该地震道，最终实现沉积微相的定量描述。

三、河道砂岩精细刻画及分布预测技术研究现状

河道砂岩储层精细刻画是一个复杂的系统工程，面临沉积层序、叠加样式预测、相带刻画与定量预测描述等难题，不仅需要建立多学科结合的研究思路及技术流程，更需要对单项特色技术进行测试优选并集成配套多种特色的地球物理技术（唐建明，2002；吴朝容和段文燊，2011；凡睿 等，2015；武恒志 等，2015）。川西拗陷侏罗系岩性气藏主要受河道砂岩储层分布控制。"九五"科技攻关首次利用三维地震储层预测技术实现了新场气田勘探开发重大突破，先后在四川盆地川西拗陷建成多个大型气田，这些气田主要位于正向构造带上并以成都凹陷周边的新场气田、马井气田和洛带气田等为典型代表。2010年以来，伴随"叠覆型致密砂岩气区"成藏地质理论和"相带控砂、河道控储、断砂输导、网状运移、差异聚集、甜点控产"地质认识的提出（蒋裕强 等，2010；龙胜祥 等，2012；唐宇 等，2013；谢刚平 等，2014；杨克明和朱宏权，2013），川西拗陷侏罗系岩性油气藏迈出了向斜坡区及凹陷区勘探开发的步伐。依托地球物理储层预测技术和水平井分段压裂等关键技术攻关及突破，实现了多个勘探发现，落实了多个开发建产阵地，产能建设取得了重要进展。在地球物理储层预测技术方面，早期主要采用振幅类、频率类、相位类、相关类、波形聚类和三维可视化等技术进行河道砂岩储层预测和刻画，在正向构造带储层厚度大及地球物理特征相对易于识别区域取得了明显效果（唐建明，2002；吴朝容和段文燊，2011；马中高 等，2012；凡睿 等，2015）。伴随勘探开发区域拓展、预测目标地质特征复杂性增加及开发对地球物理预测的精细化、定量化需求（如对小层开发需要明确各单一河道分布、河道内幕沉积结构、薄储层厚度、储层物性非均质性等），早期技术的局

限性越来越明显,预测精度难以满足生产需求。近年来,确立地震地质一体化综合研究思路,通过科技攻关,地球物理预测技术取得重要进展,以河道沉积层序识别、储层叠置样式识别、相带精细刻画、定量描述等为代表的关键方法技术的成功应用,有效支撑了川西拗陷侏罗系陆相致密气藏的增储上产。

地震属性是指由叠前或叠后地震数据,经过数学变换而导出的表征地震波几何形态、运动学特征、动力学特征以及各种统计特征的参数(郭刚明,2005;Yong,2014)。叠前地震反演是指在含油气和岩性方面的地层解释,所应用的振幅、频率等数据是在叠前采集的(王家映,2002;吴满生 等,2009;王开燕 等,2013;秦德文 等,2015)。为获得横纵波阻抗、横纵波速度、泊松比、速度比、拉梅常数等参数,通过应用测井过程中的横波、纵波、密度等资料进行联合反演。目前它的研究方向有两个:叠前弹性阻抗和振幅随炮检距变化(amplitude versus offset,AVO)反演。叠后地震反演技术是根据已知的地质、钻井、测井等基础资料,再加上取得的相关地震资料,对地下储层的结构、特点、性质进行分析和成像,使地震剖面转换成为反映岩性的波阻抗剖面,由于其具有简单性和精确性等特点,使反演结果的精度得到较大提升(王家映,2002;黄诚 等,2015;张向宇 等,2016)。地震属性预测砂体和气藏就是建立属性与储层参数之间的映射关系,定性到定量地反映地层砂体展布规律(万琳,2009;吴满生 等,2009)。定性分析就是通过已有井点地质信息,如单井相和砂体厚度等,标定优选的地震属性,用地震属性的颜色来定性表征不同的沉积相带或砂体厚度(郑荣才 等,2009)。通过分析研究可以建立这些参数与地下储层信息的对应关系,使这些参数具有实际的表征意义,构建关系的方法即为地震属性技术(张向宇 等,2016)。地震属性技术起始于20世纪60年代,该技术认为地震属性能够预测砂体和地下流体性质,90年代后,地震属性的应用开始迅速发展,人们不仅寻求多属性的融合技术方法,同时也引入其他学科的成果应用在地震属性技术中,现在常用的地震属性技术包括正演模拟、RGB[红(R)、绿(G)、蓝(B)]地震融合技术、聚类分析、基于模糊逻辑的地震属性融合技术。其中,正演模拟技术是以目标层位的测井资料为基础,设定不同的波阻抗等弹性参数来引起地震反射结构特征的变化,以寻找岩石物理性质与地震属性之间的联系,为地震相研究提供依据,减少反演随机性,使储层预测的准确性得以提高(张驰 等,2013;黄诚 等,2015)。RGB地震融合技术是最早的一种属性融合技术,在地震数据彩色显示的基础上,利用不同颜色表示不同地震属性,从而得到具有多种地质意义的时频三原色平面图,这种方法能够充分利用地震信息,显示流畅(武赛军 等,2015)。聚类分析技术,当多种地震属性均能控制表征储层的参数时,以井点高精度已知信息为约束,建立目标函数,通过神经网络方法,让各地震属性自学习,靠近目标函数,构建全区的多属性与储层参数之间的模式聚类关系(王成林 等,2008;郎晓玲 等,2010;李芳 等,2011)。基于模糊逻辑的地震属性融合技术,首先对目的层提取若干种地震属性,然后定义一个含有各储层参数的模糊集,再将每一种储层参数作为一个原色,通过隶属函数,映射到代表各地震属性的区间,最后得到每种储层参数在其中的隶属度。这种方法对先验条件的要求低,可以很好地提高结果的准确度(王志章和韩海英,2011)。我国地质学家在20世纪90年代首次提出了利用地质、地震和测井资料进行综合约束反演的方法(李宏兵,1996);采用递推与宽带约束反演结合的方法解决了单道反演的噪声问题(王志章，1999)。此后，王家映等(2002)、钱荣钧等(2006)又先后提出了稀疏脉冲反演方法、宽带约束反演、测井数据反演和岩性约束反演等配套技术。随着更多学科特别是数学方法的融合应用，非线性智能优化技术(包括人工神经网络、遗传算法等)被应用到地震反演中(吴先用，1997；刘全稳，1996；王志章 等，2015)，这些理论和算法的引入为地震反演和储层预测开拓了新途径。

四、川西侏罗系河道砂岩天然气成藏研究现状

　　川西拗陷侏罗系发育大面积低丰度岩性、构造-岩性气藏，气藏普遍具有多层叠置、局部富集高产、无明显气水边界、低温、超压的特征，结合各构造单元侏罗系具体成藏条件研究认为，侏罗系整体为"下生上储"式成藏组合，天然气主要来源于下伏须家河组四、五段烃源岩(陈迎宾 等，2015)。川西拗陷侏罗系气藏主要受构造和储层物性控制，局部地区与裂缝有关(张莉 等，2005；张闻林，2007)。而由于构造圈闭形成有两期——燕山期和喜山期，天然气从烃源岩向圈闭运聚成藏的过程中具有多期多阶的成藏特征(张闻林，2007)。徐敏等(2018)从生烃期次、成藏动力、气水分布特征等分析出发，结合构造演化、油气充注期次等研究，对川西拗陷东坡地区沙溪庙组天然气动态成藏过程进行综合分析，明确了喜山运动将原始气藏分布格局再调整并定格为现今的分布状态，总结了中江地区沙溪庙组气藏动态演化模式，认为中江地区岩性控制作用占主导，其成藏过程可概括为"燕山期三幕成藏，喜山期调整改造"。林小云等(2017)研究认为川西拗陷东坡地区沙溪庙组储层有 3 个主要成藏期，大致在 141～68Ma：早期成藏主要在 141～128Ma(J_3−K_1)，中期成藏主要在 105～88Ma(K_1−K_2)，晚期成藏主要在 83～68Ma(K_2)，显示了整个研究区由下往上、由南西往北东幕式排烃成藏的趋势。成藏关键时刻主要在烃源岩的生烃高峰期[130～68Ma(K_1−K_2)]。南红丽等(2018)建立了川西拗陷侏罗系沙溪庙组储集层成岩演化序列，确定不同类型储集层致密化时间，同时，通过明确油气充注时间，厘定不同类型储集层致密化与天然气成藏的时序关系，为进一步探索油气富集规律、实现高效勘探提供依据。关于致密河道砂岩成藏机理的研究也有诸多报道，庞雄奇等(2003)提出了具体形成机理，即力学平衡和物质平衡。力学平衡：供气热膨胀力+气体浮力=毛细管力+静水压力；物质平衡：深盆气藏储集气量=源岩供给气量-盖层散失气量-气水边界散失气量(庞雄奇等，2003)。姜福杰等(2007)通过实验模拟，按照出气孔出水速率的变化特征将成藏过程划分为 3 个阶段：①充注前期，即能量积累阶段，此阶段为注气的初始阶段，此时的天然气无法进入致密砂体的孔隙内，只有当注入量达到一定程度，充注能量积累到足以突破毛细管阻力作用时，天然气才开始充注；②充注期，即成藏充注主阶段，在此阶段，由于气体的膨胀力排驱孔隙水的作用，天然气在致密砂体内呈指状向上运移，低渗砂体与相对高渗砂体的逐渐连通使出水速率明显增大，低渗砂体内的气柱会随着出水速率的增大迅速萎缩并与相对高渗砂体分离，最终形成稳定的天然气分布范围；③充注后期，即气藏保存阶段，在此阶段，天然气分布范围保持稳定，游离相的天然气直接从出水孔喷出，但并不出水，最终使整个致密砂体内形成统一的天然气聚集。

第三节　河道砂体定量预测存在的问题与解决思路

无论是地质特征还是产能特征，川西侏罗系致密砂岩气藏都表现出极强的非均质性，河道砂体分布的定量预测是弄清非均质性的关键。本书认为河道砂体的定量预测存在以下几方面的问题：①砂体地震响应特征分析不足，致密砂岩的地震响应特征差异的原因要准确分析、分类和总结归纳；②河道砂体的沉积微相研究精度不够，砂体纵、横向叠置规律不清，单一河道砂体切叠关系及样式不清；③地震资料分辨率低，刻画单一河道砂体困难；④利用层控的地震属性反演无法准确获得储层参数。

本书以川西拗陷侏罗系陆相远源河道砂岩气藏为研究对象，以层序地层学、碎屑岩沉积学、储层地质学、构造地质学、测井地质学等多学科理论为指导，综合运用野外剖面、钻井、测井、储层配套分析资料、地球物理与地球化学配套分析、试采资料等，采用地质-测井-地球物理相结合，宏观与微观相结合，野外露头、岩心研究和室内分析实验相结合，以及静态与动态相结合的技术思路，以沉积微相、砂体刻画及砂体预测研究为主线，开展了川西侏罗系陆相远源河道砂岩沉积特征与分布定量预测研究，明确了优势沉积微相，形成了复杂"窄"河道砂多域多属性精细刻画及储层预测技术，并阐明了窄河道砂体天然气富集机理、砂岩优质储层形成机理，由此可进一步落实开发评价目标区，提出科学合理的开发对策及井位部署方案。

第四节　取得的成果认识

本书先后开展了川西拗陷侏罗系陆相远源河道砂岩沉积相与沉积体系、河道砂体定性和定量预测、砂体定量预测应用等方面的综合性研究，实现了窄河道、薄砂体的远源河道砂岩定量预测技术的突破。

取得的主要创新成果有如下几点：

(1)分区、分小层、分河道，以地震预测为基础，以地质精细描述为手段，传统的旋回-厚度对比与高分辨率层序地层划分对比相结合，建立了川西拗陷侏罗系陆相远源河道砂岩精细划分及对比技术。

(2)河道砂岩物源多元综合分析与沉积微相划分标志识别相结合，建立了沉积微相岩电交汇图版，井震结合，精细刻画出气藏主力层系河道砂体纵横向分布特征，结合气井产能特征，形成了川西拗陷侏罗系陆相远源河道砂岩沉积微相精细描述技术。

(3)针对河道砂岩储层含气性检测，尤其是含气丰度预测，攻关形成了基于孔隙介质渐进方程反演的流体检测技术、流体密度叠前反演含气饱和度检测技术，实现了河道砂岩储层流体相的定量预测。基于高精度岩石物理模板，在叠前三参数反演的基础上，借助单井约束地质统计学反演提高地震分辨率，通过岩性与孔隙度模拟，实现储层岩相、物相定量预测，有效提高薄储层识别能力与预测精度。

参 考 文 献

陈迎宾，王彦青，胡烨，2015. 川西拗陷中段侏罗系气藏特征与富集主控因素[J]. 石油实验地质，37(5)：561-574.

陈昭佑，王光强，2010. 鄂尔多斯盆地大牛地气田山西组砂体组合类型及成因模式[J]. 石油与天然气地质，31(5)：632-639.

凡睿，刘力辉，石文斌，等，2015. 元坝西部地区须二下亚段致密砂岩储层预测研究[J]. 石油物探，54(1)：83-89.

付锁堂，邓秀芹，庞锦莲，2010. 晚三叠世鄂尔多斯盆地湖盆沉积中心厚层砂体特征及形成机制分析[J]. 沉积学报，28(6)：1081-1089.

耿晓洁，朱筱敏，董艳蕾，2016. 地震沉积学在近岸水下扇沉积体系分析中的应用：以泌阳凹陷东南部古近系核三上亚段为例[J]. 吉林大学学报(地球科学版)，46(1)：57-64.

郭刚明，2005. 地震属性技术的研究与应用[D]. 成都：西南石油学院：32-35.

何文祥，吴胜和，唐义疆，等，2005. 地下点坝砂体内部构型分析——以孤岛油田为例[J]. 矿物岩石，25(2)：81-86.

胡浩，2016. 基于砂体结构的剩余油挖潜调整措施研究[J].岩性油气藏，28(04)：113-120.

黄诚，李鹏飞，王腾宇，等，2015. 地震正演模拟技术在深层砂泥岩薄互层地层识别中的应用[J]. 科技通报，31(11)：172-176.

黄智辉，1986. 地球物理测井资料在分析沉积环境中的应用[M]. 北京：地质出版社.

姜福杰，庞雄奇，姜振学，等，2007. 致密砂岩气藏成藏过程的物理模拟实验[J]. 地质评论，53(6)：844-849.

蒋裕强，漆麟，邓海波，等，2010. 四川盆地侏罗系油气成藏条件及勘探潜力[J]. 天然气工业，30(3)：22-26.

金利，2012. 灰色关联技术在老油田储层预测解释中的应用[J]. 断块油气田，19(5)：600-603.

郎晓玲，彭仕宓，康洪全，等，2010. 利用多属性体分类技术预测扇三角洲砂体[J]. 西南石油大学学报(自然科学版)(1)：57-62，193-194.

李超，廖新武，侯东梅，等，2013. 地震沉积学在 BZ19-4 油田中的应用[J]. 断块油气田，20(1)：47-50.

李芳，王守东，陈小宏，2011. 基于模糊逻辑的地震属性融合技术研究与应用[A]//中国地球物理学会. 中国地球物理学会第二十七届年会论文集[C]. 北京：科学出版社.

李宏兵，1996. 具有剔除噪音功能的多道广义线性反演[J]. 石油物探，35(4)：11-17.

李士祥，楚美娟，黄锦绣，等，2013. 鄂尔多斯盆地延长组长 8 油层组砂体结构特征及成因机理[J]. 石油学报，34(3)：435-444.

李树同，王多云，秦红，等，2005. 鄂尔多斯盆地姬塬地区三角洲前缘储层砂体成因分析[J]. 油气地质与采收率，12(6)：19-22.

李思田，焦养泉，付清平，1991.鄂尔多斯盆地侏罗纪延安组三角洲及河流砂体内部构成及不均一性研究[M].北京:石油工业出版社.

李思田，焦养泉，付清平，1993.鄂尔多斯盆地延安组三角洲砂体内部构成及非均质性研究[C]//裘亦楠.中国油气储层研究论文集. 北京:石油工业出版社.

李阳，李双应，岳书仓，等，2002. 胜利油田孤岛油区馆陶组上段沉积结构单元[J]. 地质科学，37(2)：219-230.

林承焰，张宪国，2006. 地震沉积学探讨[J]. 地球科学进展，21(11)：1140-1144.

林小云，魏民生，丰勇，等，2017. 四川盆地川西拗陷东坡地区沙溪庙组油气成藏关键时刻研究[J]. 石油实验地质，39(1)：50-57.

刘全稳，1996. 测井神经网络技术综述[J]. 石油地球物理勘探，31(1)：64-69.

龙胜祥，肖开华，李秀鹏，等，2012. 四川盆地陆相层系天然气成藏条件与勘探思路[J]. 天然气工业，32(11)：10-17.

马光克，李达，隋波，等，2013. 地震多属性融合曲线重构技术在储层预测中的应用[J]. 物探与化探，37(6)：993-997.

马世忠，黄孝特，张太斌，2000. 定量自动识别测井微相的数学方法[J]. 石油地球物理勘探，35(5)：582-589.

马世忠, 孙雨, 范广娟, 等, 2008. 地下曲流河道单砂体内部薄夹层建筑结构研究方法[J]. 沉积学报, 26(4): 632-638.

马正, 1994. 油气测井地质学[M]. 武汉: 中国地质大学出版社.

马中高, 张金强, 蔡月晖, 等, 2012. 大牛地气田二叠系下石盒子组致密砂岩储层含气性识别因子研究[J]. 石油物探, 51(4): 414-419.

穆龙新, 贾爱林, 陈亮, 等, 2000. 储层精细研究方法——国内外露头储层和现代沉积及精细地质建模研究[M]. 北京: 石油工业出版社.

南红丽, 蔡李梅, 叶素娟, 等, 2018. 川西拗陷沙溪庙组储集层致密化与天然气成藏耦合关系[J]. 新疆石油地质, 39(4): 439-445.

潘仲祥, 1987. 石油地质学[M]. 北京: 地质出版社.

庞雄奇, 金之钧, 姜振学, 等, 2003. 深盆气成藏门限及其物理模拟实验[J]. 天然气地球科学, 14(3): 207-214.

彭真明, 2001. 地震反演中的非线性优化方法及应用研究[D]. 成都: 成都理工学院: 21-23.

钱荣钧, 王尚旭, 詹世凡, 等, 2006. 石油地球物理勘探技术进展[M]. 北京: 石油工业出版社.

秦德文, 姜勇, 侯志强, 等, 2015. 叠前同步反演技术在西湖凹陷低孔渗储层"甜点"预测中的应用[J]. 油气藏评价与开发, 5(6): 12-15.

裘怿楠, 陈子琪, 1996. 油藏描述[M]. 北京: 石油工业出版社.

隋新光, 2006. 曲流河道砂体内部建筑结构研究[D]. 大庆: 大庆石油学院.

唐建明, 2002. 川西拗陷致密非均质气藏储层空间展布刻画[J]. 天然气工业, 22(4): 19-23.

唐宇, 吕正祥, 叶素娟, 等, 2013. 成都凹陷上侏罗统蓬莱镇组天然气运移特征与富集主控因素[J]. 石油与天然气地质, 34(3): 281-287.

万琳, 2009. 地震属性分析研究现状以及在储层预测中的应用[J]. 内江科技, 30(12): 28-48.

王昌勇, 郑荣才, 王海红, 等, 2008. 鄂尔多斯盆地姬塬地区长6油层组物源区分析[J]. 沉积学报, 26(6): 933-938.

王成林, 李毓丰, 张雷, 等, 2008. 塔中地区志留系薄互层砂体预测方法[J]. 油气地质与采收率(1): 29-31, 112-113.

王家映, 2002. 地球物理反演理论[M]. 北京: 高等教育出版社.

王开燕, 徐清彦, 张桂芳, 等, 2013. 地震属性分析技术综述[J]. 地球物理学进展, 28(2): 815-823.

王纹婷, 郑荣才, 王成玉, 等, 2009. 鄂尔多斯盆地姬塬地区长8油层组物源分析[J]. 岩性油气藏, 21(4): 41-46.

王志章, 1999. 现代油藏描述技术[M]. 北京: 石油工业出版社.

王志章, 韩海英, 2011. 现代油藏描述关键技术[J]. 地学前缘, 18(5): 296-302.

王志章, 张国印, 郭旭光, 等, 2015. 准噶尔盆地乌夏地区风城组云质岩致密油特征及"甜点"预测[J]. 石油与天然气地质, 36(2): 219-229.

魏莲, 肖慈珣, 2001. 用自组织神经网络方法实现测井相定量识别[J]. 物探化探计算技术, 23(4): 324-327, 352.

吴朝容, 段文燊, 2011. 川西拗陷 XS 地区河道砂体预测研究[J]. 石油天然气学报, 33(11): 81-84.

吴满生, 沈云发, 王志章, 2009. 井震结合地震属性反演方法及应用[J]. 内蒙古石油化工(19): 25-27.

吴先用, 1997. 综合录井油气层评价的人工神经网络方法研究[J]. 江汉石油学院学报, 19(4): 112-114.

武恒志, 叶泰然, 赵迪, 等, 2015. 川西拗陷陆相致密气藏河道砂岩储层精细刻画技术及其应用[J]. 石油与天然气地质, 36(2): 230-239.

武赛军, 尹太举, 朱永进, 等, 2015. 莱北地区新近系明化镇组下段浅水湖盆砂体预测[J]. 科学技术与工程, 15(18): 159-165.

夏竹, 李中超, 贾瑞忠, 等, 2016. 井震联合薄储层沉积微相表征实例研究[J]. 石油地球物理勘探, 51(5): 1002-1011.

解超, 陈飞, 刘振坤, 等, 2018. 河流相复合砂体结构特征探讨[J]. 地球科学前沿, 8(3): 608-617.

谢刚平, 叶素娟, 田苗, 2014. 川西拗陷致密砂岩气藏勘探开发实践新认识[J]. 天然气工业, 34(1): 6-15.

熊琦华，王志章，纪发华，1994. 现代油藏描述技术及其应用[J]. 石油学报(S1)：1-9.

徐敏，刘建，林小云，等，2018. 川西拗陷东坡地区沙溪庙组气藏成藏演化模式[J]. 现代地质，32(5)：953-962.

杨克明，朱宏权，2013. 川西叠覆型致密砂岩气区地质特征[J]. 石油实验地质，35(1)：1-8.

尹继全，衣英杰，2013. 地震沉积学在深水沉积储层预测中的应用[J]. 地球物理学进展，28(5)：2626-2633.

于兴河，王德发，郑浚茂，等，1994. 辫状河三角洲砂体特征及砂体展布模型——内蒙古岱海湖现代三角洲沉积考察[J]. 石油学报，15(1)：26-27.

余威，罗安湘，王峰，等，2017. 陇东地区长 9 沉积特征及湖岸线确定依据[J]. 断块油气田，24(6)：766-770.

岳大力，吴胜和，刘建民，2007. 曲流河点坝地下储层构型精细解剖方法[J]. 石油学报，28(4)：99-103.

曾洪流，朱筱敏，朱如凯，等，2012. 陆相拗陷型盆地地震沉积学研究规范[J]. 石油勘探与开发，39(3)：275-284.

张昌民，1992. 储层研究中的层次分析方法[J]. 石油与天然气地质，13(3)：344-350.

张昌民，林克湘，徐龙，等，1994. 储层砂体建筑结构分析[J]. 江汉石油学院学报，16(2)：1-7.

张昌民，尹太举，张尚锋，等，2004. 泥质隔层的层次分析[J]. 沉积学报，25(3)：48-52.

张驰，朱博华，刘培金，等，2013. RGB 多地震属性融合技术在河道检测中的应用[A]//中国地球物理 2013——第二十专题论文集[C]. 北京：科学出版社.

张广远，2019. 基于地震反演的河道砂体与微相定量描述[D]. 长春：吉林大学.

张莉，柳广弟，谢增业，等，2005. 川西前陆盆地南部储层流体包裹体特征及其在天然气成藏研究中的应用[J]. 石油与天然气地质，26(6)：800-807.

张善义，兰金玉，2019. 基于灰色关联分析的沉积微相定量描述技术及应用[J]. 断块油气田，26(1)：25-28.

张闻林，2007. 川西地区侏罗系隐蔽性气藏成藏机制及其勘探目标研究[D]. 成都：成都理工大学.

张向宇，朱建伟，韩立国，2016. 基于统计学方法的地震属性分析技术应用[J]. 地质学刊(2)：265-272.

赵翰卿，付志国，1995. 应用密井网测井曲线精细研制河流相储层沉积模型[A]. 国际石油工程会议.

赵翰卿，付志国，吕晓光，2000. 大型河流-三角洲沉积储层精细描述方法[J]. 石油学报，21(4)：109-113.

赵翰卿，付志国，吕晓光，2004. 储层层次分析和模式预测描述法[J]. 大庆石油地质与开发，23(5)：102-106.

郑荣才，周祺，王华，等，2009. 鄂尔多斯盆地大地北气田山西组 2 段高分辨率层序构型与砂体预测[J]. 高校地质学报(1)：69-79.

周竹生，周熙襄，1993. 宽带约束反演方法[J]. 石油地球物理勘探，28(5)：523-536.

Allen J R L,1966. On bed forms and paleocurrents[J]. Sedimentary, 6(3):153-190.

Allen J R L,1977. The plan shape of current ripples in relation to flow conditions[J]. Sedimentology, 24(1):53-62.

Allen J R L, 1983. Studies in fluviatile sedimentation: bars , bar-complexes and sandstone sheets(lower-sinuosity braided streams) in theBrownstones(L.Devonian), Welsh Borders[J]. Sedimentary Geology,33(4):237-293.

Bridge J S，Leeder M R，1979. A simulation model of an alluvial stratigraphy[J]. Sedimentology，26(5)：617-644.

Colombera L，Mountney N P，Mccaffrey W D，2012. A relational database for the digitization of fluvial architecture：Concepts and example applications[J]. Petroleum Geoscience，18：129-140.

Jackson R G. 1975. Hierarchical attributes and unifying model of bedforms composed of cohesionless material and produced by shearingflow[J]. Geological Society of America Bulletin, 86(11): 1523- 1533.

Miall A D，1985. Architectual-element analysis：A new method of facies applied to fluvial deposites[J]. Earth-Science Reviews，22(4)：261-308.

Miall A D，1988. Reservoir heterogeneities in fluvial sandstone：Lessons from outcrop studies[J]. AAPG Bulletin，72(6)：682-697.

Miall A D，1996. The geology of fluvial deposits[M]. Berlin，Heidelberg：Springer Verlag Berlin Heidelberg.

Miall A D，2006. Reconstructing the architecture and sequence stratigraphy of the preserved fluvial record as a tool for reservoir development：A reality check[J]. AAPG Bulletin，90(7)：989-1002.

Williams P F, Rust B R, 1969. The sedimentology of a braided river[J]. Journal of Sedimentary Research, 39(2):649-679.

Wu S H，Yue D L，Liu J M，et al.，2008. Hierarchy modeling of subsurface palaeochannel reservoir architecture[J]. Science China Series D Earth Sciences，38(Supplement I)：111-121.

Yong W，2014. Analyze the seismic attributes in HSX volcanic fracture based on forward modeling[J]. Mechatronics Engineering，Computing and Information Technology，556-562: 899-902.

第二章 区域地质概况

第一节 区域构造位置及构造演化

　　川西拗陷位于四川盆地西部，呈北东向展布，西以安县—都江堰断裂与龙门山冲断带为界，东以龙泉山—南江一线为界，南以峨眉—荥经断裂与川滇南北构造带为界，北至米仓山前缘，面积约为 $4 \times 10^4 \mathrm{km}^2$（图 2-1）。川西拗陷现今呈"三隆两凹一斜坡"的构造格局（图 2-2）（李智武 等，2011），即新场构造带、知新场构造带、龙门山前构造、成都凹陷、梓潼凹陷、中江斜坡 6 个区带。龙门山前构造带构筑了川西拗陷的西部边界；北东东向新场构造带将川西拗陷分割成南北两凹，即成都凹陷和梓潼凹陷；近南北向的知新场构造带构筑了成都凹陷的东部边界。而两大负向构造分别为成都凹陷和梓潼凹陷，其中成都凹陷发育温江背斜、洛带鼻状构造、马井背斜等局部构造，梓潼凹陷发育永兴鼻状构造。一斜坡即位于拗陷东部的中江斜坡（张庄，2016）。自中三叠世末期的早印支事件使平武地体与扬子板块发生碰撞，龙门山北段开始隆升，川西地区基本继承了早期"一隆两凹"的格局。晚三叠世发生"安县运动"，盆地沉积与构造格局发生重大改变，海水退出川西，

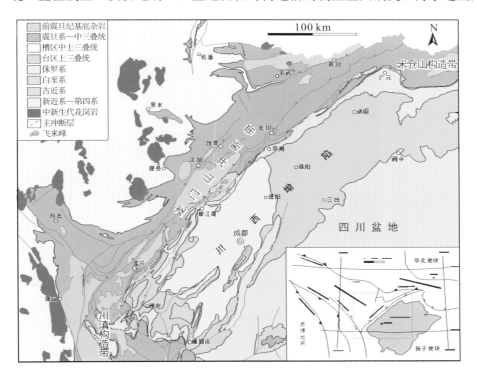

图 2-1　川西拗陷地质构造简图

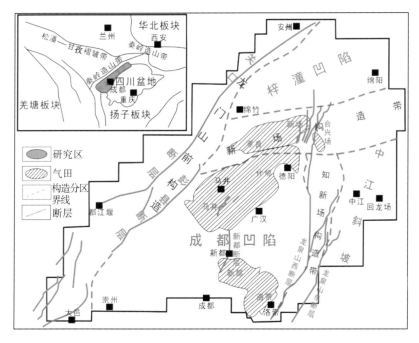

图 2-2　川西拗陷构造背景图

结束了川西被动陆缘盆地的历史(李勇 等, 1995)。"安县运动"之后, 局限前陆盆地向南、向东持续扩大, 龙门山北部开始隆升。扬子板块西缘受强烈挤压, 龙门山向南东向逆冲推覆, 川西拗陷应运而生, 龙门山冲断带的发展直接控制着拗陷的形成与演化, 两者之间的耦合关系贯穿始终(李勇 等, 1995; 邓康龄和余福林, 2005)。晚三叠世末的印支晚幕运动造成川西拗陷整体抬升, 使川西拗陷地层剥蚀殆尽, 侏罗系与下伏地层间呈明显角度不整合, 逐渐由早前的西低东高转变为西高东低, 北高南低的构造格局, 川西拗陷进入成熟前陆盆地演化阶段(李勇 等, 1995; 杨克明 等, 2012)。燕山期, 龙门山逆冲推覆作用持续减弱, 米仓山开始逆冲、隆升, 并推挤北侧的龙门山, 龙门山发生北东向走滑变形和逆冲断裂作用, 形成北东向局部构造和裂缝, 成都凹陷区基本形成。喜山期, 大规模北西—南东向构造应力挤压, 使龙门山再次快速逆冲推覆, 导致中北部地区遭受强烈隆升、剥蚀, 白垩系地层出露地表, 川西前陆盆地强烈上隆褶皱并最终定型(魏民生, 2017; 袁红英, 2017)。地层变形、错断, 知新场—石泉场内形成大规模反冲断裂带, 孝泉—丰谷构造带定型, 中江—回龙构造进一步隆升, 黄鹿向斜形成(柳洋杰, 2017; 袁红英, 2017)。川西拗陷南段构造形变强度比中、北段高。从构造形变与演化分析, 喜马拉雅构造期的形变强度高, 褶曲形变与破裂形变发育(袁红英, 2017)。

第二节　构　造　特　征

　　川西拗陷东斜坡地区主要发育石泉场、知新场—合兴场断裂构造、高庙—丰谷鼻状构造、中江—回龙鼻状构造, 以及夹持在高庙子—丰谷和中江—回龙构造带之间的永太向斜

（图 2-2 和图 2-3）。区内构造走向主要包括 NE 向、NEE 向和 NW 向（图 2-3），其中合兴场和知新场—石泉场构造区域断层较发育，断裂走向主要为 NE 向和 SN 向。区内整体呈现出南高北低、西高东低的格局（杨克明，2003；朱宏权，2009；张庄，2016）。

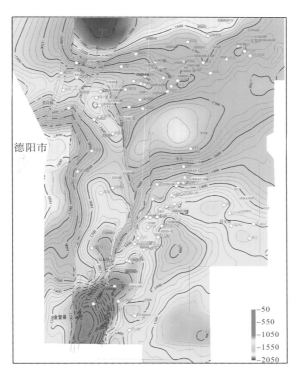

图 2-3　川西拗陷东斜坡地区侏罗系沙溪庙组顶面构造图

其中，高庙—丰谷鼻状构造位于川西拗陷东斜坡带北部，呈 NE 走向，跨合兴场、高庙和丰谷地区。构造向西延伸穿过合兴场，向 NE 逐渐倾没，为开口向西的构造鼻。此 NE 走向的构造鼻在合兴场与 SN 走向的断褶带叠加，其构造幅度自中侏罗统千佛崖组向上侏罗统蓬莱镇组逐渐减小，由下部的完整的构造鼻演化成两个局部构造高点（邓起东等，1994；黄祖智和唐荣昌，1995；徐水森 等，2006；刘树根 等，2003，2009）。知新场—合兴场断裂构造位于川西拗陷东斜坡带西部，南部与石泉场构造相接，向北与高庙—丰谷构造相交，构成总体呈 SN 走向的条带状构造隆起带。其中，合兴场构造东邻黄鹿向斜，向西至德阳向斜，为 SN 向断褶圈闭（柳洋杰，2017；魏民生，2017）。构造带是川西拗陷向盆地内部的边界构造，将 NE 走向的永太向斜与西部的拗陷分隔。该构造带由一系列断裂夹持的褶皱构造组成，这些断裂的构造样式和发育程度沿走向均具有规律性的变化，大体上构造变形程度由南向北逐渐缓和，且构造带自南向北逐渐变宽（王伟涛 等，2008；李智武 等，2011；王全伟 等，2013）。石泉场构造位于川西拗陷东斜坡带最西南端，断裂构造发育，多条断裂把褶皱构造分割成多个断块，断裂的强烈逆冲和褶皱的强烈挤压，使石泉场构造剧烈抬升，形成研究区内现今构造最高部位。总体上石泉场构造发育特征继承自龙泉山构造带，产状与龙泉山构造带大体一致，走向大致为 NE 向，主断裂倾向为 SE 向，属于川中隆起与川西拗陷之间龙泉山反冲构造的北延部分。中江—回龙鼻状构造位于川西拗陷东斜坡带东南部，呈 NW 走向，跨中江和回龙地区。构造向 NW 与知新场构造相接，向 SE 延伸出研究区，总体略呈 NW 高、SE 低的鼻状构造（俞如龙 等，1989；许志琴 等，1990；邓起东 等，1994；黄祖智和唐荣昌，1995；李宝石，1988；刘树根 等，2003；张国伟 等，2004）。中江—回龙地区构造带主要由中江构造以及回龙构造两个组合而成。回龙构造的构造根部在金华镇，其随着地层岩性背斜向西延伸形成回龙构造的东部（柳洋杰，2017）。中江构造发育于蓬莱镇组—马鞍塘组各层，构造轴线为 NNE 走向的断档背斜圈闭，形成于知新场构造和石泉场构造的对冲。中江构造的浅层构造虽然被石泉场南北构造带东翼的 SN 向断层切割遮挡，TJ_3p（蓬莱镇组）、TJ_3sn（遂宁组）反射层内的背斜构造仍保存相对完整，具有上大下小的特征，而中变形层与回龙鼻状构造带形成一个 NW 走向的大型构造带，位于构造带内的中江构造被石泉场南北构造带东翼的 SN 向断层切割遮挡，同时构造圈闭内还发育一些与 SN 走向大断层相伴生的小断层，使得构造较为破碎，整体上具有上部构造发育，下部构造小而破碎的特征（张庄，2016）。中江—回龙构造总体上断裂欠发育，仅在上三叠统发育一些比较明显的断裂，向上进入中下侏罗统逐渐消失，或在中下侏罗统表现为低幅度褶皱。另外，还有一些尺度上特别小的断裂，主要是分布在中下侏罗统内部的层间小断裂，这些断裂对该构造的油气输导可能起到一定作用（徐水森 等，2006；许志琴 等，2007；王伟涛 等，2008）。

川西拗陷东斜坡地区侏罗系断裂主要发育大断裂 21 条，主要烃源断裂 7 条，分别是 F1-1、F1-2、F2、F3、F4、F5、F8（F2、F3、F4 未出露地表）（图 2-4）。区内断裂整体呈 NE 走向、NNE 走向和近 SN 走向，平面延伸长度多为 10～40km。断裂断距变化较大，从几十米到上千米不等，总体南部断距大、北部断距小。区内断裂活动期次分别为印支晚期、燕山早期、燕山中期、燕山晚期和喜山期，其中燕山中期、燕山晚期和喜山期断裂是直接与目标层有关的断裂活动期。燕山中期断裂发育比较局限，为断裂发育的雏形阶段，断裂总体上表现为隐伏断裂。断裂发育主要集中在区内西南部，发育石泉场断裂带和知新场主要断裂，合兴场地区断裂欠发育，仅分布有两条小断裂，这两条小断裂是后期断裂发展的基础。燕山中期研究区东部大量出现小断裂，这些小断裂平面延伸段，剖面断距小，呈 NE 向展布。从起始发育位置看，应与两个构造鼻的展布有关，中间为永太向斜断裂空白区所分隔。燕山晚期断裂开始大范围发育，南部石泉场、知新场断裂继承发展，北部合兴场分布有 F4 断裂和 F1-1 断裂。喜山期石泉场、知新场以及东部平缓区断裂多为继承发展，新生断裂稀少，合兴场则以新生断裂为主，最终形成现今的断裂展布特征。断裂活动具有规律性，表现在主要烃源断裂在南部早期发育相对密集，晚期发育相对稀疏；主要烃源断裂在北部早期发育局限，晚期发育相对密集。平面上主要烃源断裂具有自南向北形成演化逐渐变晚的特征，断裂活动在平面上由南向北迁移。区内断裂纵向上受滑脱层影响，部分分层发育（杨克明，2003；朱宏权，2009）。区内纵向上侏罗系沙溪庙组及其以下断裂发育密集，断裂向下沿中三叠统雷口坡组膏泥岩滑脱[TT_3m（马鞍塘组）反射层之下]，少数断裂向下沿侏罗系自流井组和千佛崖组泥岩滑脱，形成 3 个相对独立的变形层系——上变形层系（侏罗系）、中变形层系（上三叠统须家河组）、下变形层系（中三叠统及其以下）。3 个变形层系均发育不同规模、特征迥异的断层，其中一些区域性的大断层则能够穿透自流井组—千佛崖组泥岩滑脱层，如知新场断裂带的 F1、F2 断裂和龙泉山断裂带的 F3 断裂。根据断裂断开层位对成藏的影响，东斜坡断裂可分为 4 部分：①断开沙溪庙组以下的下部断裂；②断至沙溪庙组内部的中部断裂；③断开沙溪庙组—上侏罗统的上部断裂；④断至地表的浅表层断裂。受多期构造运动和底部滑脱层的控制，下部断裂和上部断裂具有显著的不同，大体上中下部受滑脱层影响较大，以上陡下缓的滑脱断裂为主，上部和浅表层主要为高角度逆冲断裂(杨克明，2003；朱宏权，2009)。平面上断裂在中西部规模较大，延伸较长，构造强烈，具多期活动特征，主要发育在东斜坡的西部合兴场—知新场—石泉场地区，由北向南收敛于石泉场的 F5 断裂与 F3 断裂相接。东部斜坡区整体构造平缓，以低幅度背斜为主，除上变形层发育延伸很短的小断裂外，几乎不发育断层，这些断裂在沙溪庙组以下分布较多，仅少数向上延伸至沙溪庙组，但一般未断到沙溪庙组顶部，剖面上呈现密集的 X 形相互交切。

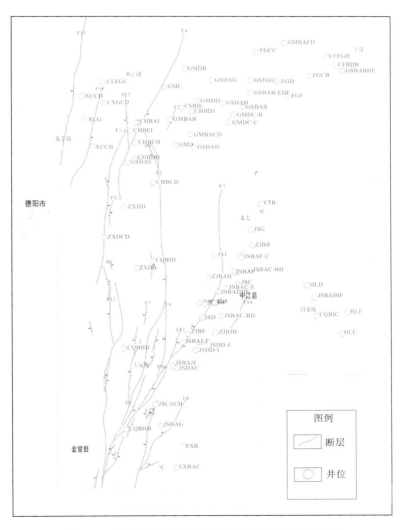

图 2-4　川西拗陷东斜坡地区侏罗系主要断裂分布图

　　川西拗陷成都气田位于四川省成都市和德阳市之间，主要包括金堂、广汉、新都、什邡等气藏，分布在东经 104°10′～104°43′，北纬 31°00′～31°15′内，面积近 750km²。成都凹陷西邻龙门山前缘断褶带中南段，北靠孝泉—新场背斜构造带，东接知新场—石泉场近 SN 向构造带，从构造形变强度划分，成都凹陷内多属于弱形变区和中形变区，整体呈现一隆(马井背斜)、两凹(崇州向斜、德阳向斜)、一坡(新都—洛带鼻状构造)的构造格局(图 2-5)。其中，马井构造处于龙门山逆冲推覆带前缘彭县断层下盘北东部，总体上表现为构造轴向呈 NE 向的低幅背斜隆起，其南西侧为崇州向斜，北侧为德阳向斜，从浅到深各层构造有一定差异，各层的圈闭面积和幅度也不同。以 T01～T42 为例，T42 构造幅度和面积最大，闭合面积达 37.3km²，幅度达 107m，由浅到深总体上呈增大的趋势。德阳向斜构造单一，整体为一中间低，四周高的简单向斜，北陡南缓，向斜中心位于高骈—新兴场一带，近 EW 走向，外围分为两大斜坡：北斜坡和东南斜坡，无正向构造圈闭发育，其中北斜坡与孝新合近 EW 向构造带相邻，东南斜坡与知新场 SN 向构造带和新都—洛带构造带相接，西侧为马井构造。区内断层欠发育，整体特征为浅层断层较少，且倾角较缓，通常终止于侏罗系；深层断层较发育，倾角较陡，且通常终止于须家河组内部。

　　根据德阳三维地震资料解释，位于广汉—金堂西部地区的新都断层向德阳三维区延伸，北段为近 SN 走向，倾向往东，往北消失于马井三维地震工区南部，南段走向为 NE，断层南部规模大，推测还有一定规模延伸，延伸长度为 25.5km，纵向断开层位多，深部断至须家河组，浅层断至白垩系，断距较小，一般为 1～2 个相位，小于 150m，该断层是广汉—金堂地区重要的油气输导断层。成都地区浅中层发育 11 条断层，多数断层断开层位少，延伸范围小。其中，对本区油气成藏具关键作用的是 F4 断层，呈 NNE 走向，倾向 NWW，在区内延伸长度为 2.2km，纵向断开层位多，深部断至须家河组，浅层断至白垩系，由浅至深断距逐渐增大，浅层断距较小，一般小于 1 个相位。其次是位于温江构造西南侧的 F5 断层，NE 走向，倾向 SE，在区内延伸长度为 9.5km，向下断至 TJ_1b(白田坝组)以深，断距较大，在 TT_3m(马鞍塘组)反射层达 150m，向上虽未断至浅层，但对浅层成藏仍具一定建设性作用。马井地区发育不同延伸方向和规模的断层共计 40 余条，其中 F1 断层断开层位从深层须家河组至白垩系，F20 断层向下断达须家河组，向上与浅层分布在蓬莱镇组内部的 F44 断层相接，构成马井、什邡地区良好的气源断层。断裂主要分布在马井构造的东翼和东北翼，由深至浅断裂的发育程度降低，其他部位则基本未见规模较大的断裂。断裂总体呈 NE 向延伸，均表现为压性逆断层，同时断层的形成表现出受不同时期构造运动影响，具有多期次活动的特征。马井断层中的 F1 断层是对马井构造具有控制作用的主要断层，该断层的断距虽不是最大，但在平面上的延伸长度以及断开的层位却是最长和最多的。从该断层上下盘各层厚度(残留)变化看，断层形成时期较早(印支期)，具一定的继承性特征。该断层倾角较陡，呈 NE 走向，倾向 NW，断开层位从深层雷口坡组至浅层白垩系，并且由浅至深断距逐渐增大，雷口坡组最大断距达 175m，浅层白垩系最大断距达 50m，蓬莱镇组底部最大断距为 100mm，平面延伸长度浅层为 2.4km，中深层 TJ_3p(蓬莱镇组)达 7.8km。该断层对马井地区深层油气向浅层运移以及储层储集条件的改善起着至关重要的作用。此外，在马井构造北东翼发育的 F20 断层断开层位为 TT_3m～TJ_2x(下沙溪庙组)，垂直断距为 15～70m，TT_3x^5(须家河组五段)平面延伸长度为 4.2km，该断层与发育于浅层 $TJ_2x \sim TJ_3p$ 的 F57（与 F20 断层倾向、走向一致）、F44（与 F20、F57 断层倾向相反）断层相连（图 2-6），对马井、什邡地区中浅层天然气成藏起到重要作用。

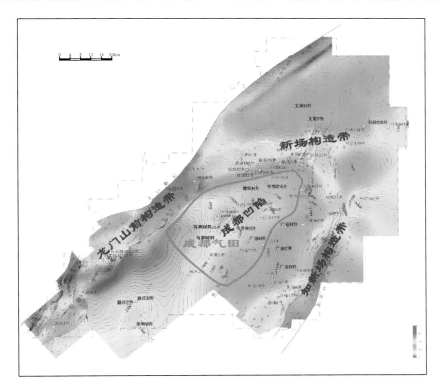

图 2-5　川西坳陷成都气田构造位置图

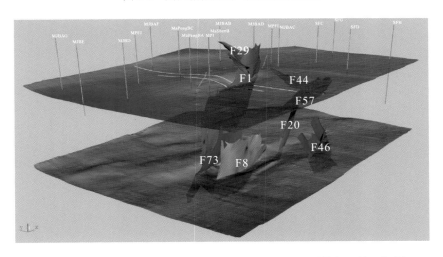

图 2-6　川西坳陷成都气田马井、什邡地区构造及断裂特征三维可视图

第三节 地 层 特 征

川西坳陷侏罗系钻遇地层层序自下而上发育下侏罗统白田坝组（J_1b），中侏罗统千佛崖组（J_2q）、下沙溪庙组（J_2x）、上沙溪庙组（J_2s），上侏罗统遂宁组（J_3sn）和蓬莱镇组（J_3p）（图2-7）。其中，川西坳陷侏罗系沙溪庙组和蓬莱镇组是主要含气目的层。沙溪庙组埋深为1300～3200m，地层平均厚度为800m，与上覆遂宁组以及下伏千佛崖组均为整合接触（杨凯歌，2009）。上侏罗统蓬莱镇组在盆地内大范围分布，厚度较为稳定，为0.7～1km，具有西厚东薄、北厚南薄的特点，但顶部地层遭受不同程度剥蚀，导致发育不全（胡晓强等，2006；陈洪德和徐胜林，2010；钱利军，2013），与上覆下白垩统苍溪组（或剑门关组）呈平行不整合接触，与下伏遂宁组呈整合接触。

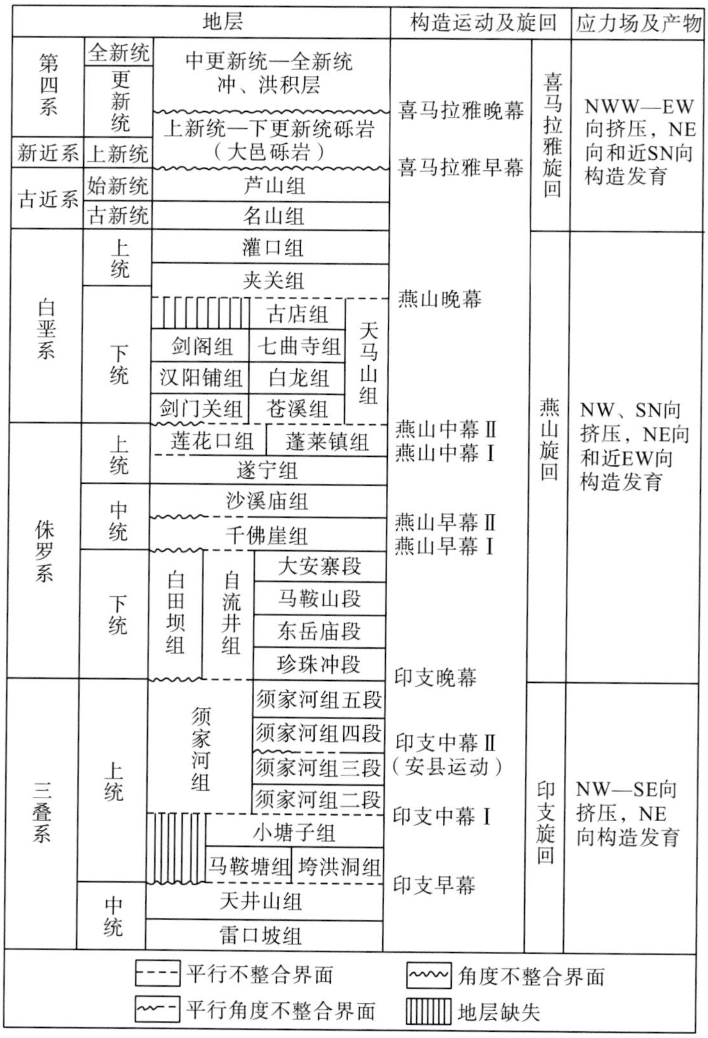

地层			构造运动及旋回	应力场及产物
第四系	全新统	中更新统—全新统 冲、洪积层	喜马拉雅晚幕	NWW—EW 向挤压，NE 向和近SN向 构造发育
	更新统	上新统—下更新统砾岩 （大邑砾岩）	喜马拉雅早幕	
新近系	上新统			
古近系	始新统	芦山组		
	古新统	名山组		
白垩系	上统	灌口组	燕山晚幕	NW、SN向 挤压，NE向 和近EW向 构造发育
		夹关组		
	下统	古店组 / 天马山组		
		剑阁组 七曲寺组		
		汉阳铺组 白龙组		
		剑门关组 苍溪组	燕山中幕Ⅱ	
侏罗系	上统	莲花口组 蓬莱镇组	燕山中幕Ⅰ	
		遂宁组		
	中统	沙溪庙组	燕山早幕Ⅱ	
		千佛崖组	燕山早幕Ⅰ	
	下统	白田坝组 / 自流井组 大安寨段		
		马鞍山段		
		东岳庙段		
		珍珠冲段	印支晚幕	
三叠系	上统	须家河组 须家河组五段		NW—SE向 挤压，NE 向构造发育
		须家河组四段	印支中幕Ⅱ （安县运动）	
		须家河组三段		
		须家河组二段		
		小塘子组	印支中幕Ⅰ	
		马鞍塘组 垮洪洞组	印支早幕	
	中统	天井山组		
		雷口坡组		

- - - - 平行不整合界面 　　　〜〜〜 角度不整合界面
- 〜- 平行角度不整合界面 　　　‖‖‖ 地层缺失

图2-7 川西坳陷地层综合柱状图（李智武 等，2011）

其中，区内蓬莱镇组自下而上可划分为 4 个岩性段($J_3p^1 \sim J_3p^4$)，每个岩性段的底部皆有一层厚层块状中-细粒长石石英砂岩，各岩性段中上部则由灰绿色、褐灰色细砂岩、粉砂岩与紫红色或暗棕红色泥岩不等厚韵律互层组成，夹灰绿色或灰色页岩、泥灰岩，以分别发育于 J_3p^1、J_3p^2 和 J_3p^4 中的"苍山页岩""梨树湾页岩""景福院页岩"为区域对比标志层。页岩中含有少量的淡水双壳类、介形类和轮藻化石。蓬莱镇组一段(J_3p^1)以棕红色泥岩夹灰色中至薄层粉砂岩、厚层块状长石砂岩为主，砂岩底部多具冲刷构造；二段(J_3p^2)主要为紫红色泥岩夹少量粉细砂岩、粉砂质泥岩，构成多个韵律层；三段(J_3p^3)主要为厚层块状长石岩屑砂岩夹紫红色泥岩、粉砂岩；四段(J_3p^4)为暗紫红色粉砂质泥岩夹浅灰色细粒岩屑砂岩及紫红色泥岩，呈不等厚互层(魏力民和柳梅青，2000；陈洪德和徐胜林，2010；钱利军，2013)。古生物类型以微体生物最发育，介形虫以 *Darwinula-Cetacella-Djangarica- Eolimnocythere* 组合为代表，孢粉组合以松柏类 *Classopllis* 为优势属。此外，还有淡水双壳类及叶肢介等化石(陈洪德和徐胜林，2010；钱利军，2013)。

区内沙溪庙组由灰、灰紫色厚层-块状粗、中粒-细粒长石石英砂岩、长石砂岩与紫红色粉砂岩、泥岩组成的数个不等厚韵律层组成。底部砂岩厚度大，层位较稳定，普遍含砾石(张闻林，2007；谭万仓 等，2008；朱宏权，2009)。沙溪庙组中夹厚 0.3~2m 的黑色页岩、油页岩，该页岩含植物碎屑和少量植物化石，以富含叶肢介化石为特征，称"叶肢介页岩"。"叶肢介页岩"的层位稳定，分布范围广，以"叶肢介页岩"之顶(或"嘉祥寨砂岩"之底)为分界标志，将沙溪庙组一分为二，其下为下沙溪庙组，其上为上沙溪庙组(或称沙溪庙组上段、下段)(王峻，2007)。但龙门山前缘该标志层不清楚或相变为紫红色页岩(徐胜林，2010)。

下沙溪庙组由 2~4 套灰色、紫灰色厚层中-细粒长石石英砂岩、长石砂岩与紫红色泥岩、粉砂岩不等厚韵律互层组合叠加而成，厚 100~300m，局部可达 400~500m。在盆地范围内分布较稳定，尤其以底部截切或超覆千佛崖组的厚层块状细-中粒砂岩分布最稳定(朱宏权，2009)，即巨厚的"关口砂岩"为沙溪庙组与下伏千佛崖组或新田沟组的界线标志，分界面清晰。区域上，"关口砂岩"大多呈链状、透镜体状或扁豆状沿下伏地层顶部的侵蚀冲刷面延伸，砂体底部常见有泥砾或硅质砾石(李夏，2014)。下沙溪庙组沉积序列的垂向变化规律总体是下部由叠置的河流沉积序列组成，上部由浅湖-三角洲的退积型叠置序列组成，自下而上由粗到细的特征明显。底部砂岩即"关口砂岩"，砂岩底多具滞留砾石沉积，向上砂岩层厚度减小，泥岩、粉砂岩增多，且上部紫红色粉砂质泥岩中多钙质结核。最大湖泛面位于下沙溪庙组顶部，即"叶肢介页岩"，对应于一套较深水湖盆沉积。在盆地边缘，虽然"叶肢介页岩"不复存在，但与之相应的最大退积面(最大湖泛面)仍然可见。由于层序顶界面为一大型侵蚀面，抑或由于层序自身发育的特点，最大湖泛面之上本应有的进积体系域极不发育或不存在，盆地内一些地区"叶肢介页岩"之顶直接与上覆层序底的"嘉祥寨砂岩"接触，即"叶肢介页岩层"的顶面就是层序的顶界面。

上沙溪庙组岩性与厚度变化较大，厚度为 400~2000m，在米仓山—大巴山前缘的通江—万源一带最厚，具有自西向东和由南向北连续加厚的特点。岩性为黄灰色、青灰色、灰紫色中厚层块状细-粗粒岩屑长石砂岩、钙质岩屑长石砂岩、岩屑长石石英砂岩、细-中粒长石砂岩、钙质长石石英砂岩与紫红色、暗紫色含粉砂质泥岩组成不等厚互层或夹层。

上沙溪庙组主体由 10 余套砂岩与泥岩的韵律层组合叠加而成，自下部的灰-深灰色向中、上部的灰绿、紫红和杂色过渡，下部灰色泥岩中往往夹有薄层泥灰岩和螺蚌化石密集层，该组上部杂色泥岩以普遍含有钙质结核为特征，自下而上砂岩发育频度、粒度和单层厚度均呈增厚的变化趋势(谭万仓 等，2008)。上沙溪庙组底部发育有一套区域上稳定分布的浅灰色厚层块状中-细粒长石石英砂岩("嘉祥寨砂岩")，是重要的区域地层划分和对比标志层。该层砂岩与下伏"叶肢介页岩"层之顶相距 0～150m，也有直接覆于下沙溪庙组区域标志层的"叶肢介页岩"之上或"嘉祥寨砂岩"下切幅度超出"叶肢介页岩"的埋藏深度，由于冲刷切割作用造成"叶肢介页岩"缺失。因此，以"嘉祥寨砂岩"的底部大型侵蚀冲刷面作为上、下沙溪庙组之间的分界线，不仅在区域上非常明显和易于识别，而且具有较大的穿时性。上、下沙溪庙组属于假整合接触关系。上沙溪庙组岩石颜色暗、泥岩中富含钙质结核，部分层位成为钙结岩。砂泥岩组成多韵律是该组的又一突出特征，一般厚度大的砂岩层有 10 余层，砂岩粒度自下而上由粗变细，砂岩层分叉、尖灭、合并常见，大型板状、槽状交错层理，平行层理和冲刷构造发育，时见透镜状滞留砾岩等，为该组的又一突出特征(张慧娟，2011)。

第四节　沉　积　特　征

川西拗陷侏罗系沙溪庙组和蓬莱镇组主要发育典型浅水三角洲沉积体系。在沙溪庙组沉积期，龙门山推覆活动处于相对平静期，秦岭造山带及米仓山—大巴山推覆带强烈隆起，四川盆地北部形成了新的拗陷，转型为山前拗陷型盆地，大量陆源碎屑从北面的米仓山山系搬运而来，盆地下降速度小于沉积物堆积速度，沉积环境由湖泊为主演变为以三角洲为主。在该期，沙溪庙组形成了广泛的超覆沉积，总体地势具有西高东低的特征，砂体总体呈 NE—SW 向展布。侏罗系沙溪庙组自下而上沉积具一定继承性，整体为水体上升过程。下沙溪庙组沉积时期，高庙子地区整体以曲流河三角洲前缘沉积体系为主(朱宏权，2009；杨克明 等，2012)，发育三角洲内前缘、外前缘沉积。发育多期水下分流河道，河道走向呈 NE—SW 向，且其湖侵和湖退的规模都较大，基本涵盖整个研究区。三角洲前缘沉积亚相包括水下分流河道、分流间湾、河口砂坝沉积微相。上沙溪庙组沉积时期，普遍发育三角洲平原沉积，沉积水体要比下沙溪庙组浅，包括分流河道、天然堤与决口扇、分流河道间沉积微相(朱宏权，2009；杨克明 等，2012)。

Js_3^{3-3} 砂组沉积时期，决口扇沉积分布于高庙 DD 井—川合 BCD 井一带，边滩沉积位于高沙 DAE 井—川合 BCH 井一带。Js_3^{3-2} 砂组沉积时期，以 NE—SW 向展布的分流河道沉积为主，局部地区(如川江 FGG 井一带)发育边滩沉积，决口扇沉积发育于川泉 BHD 井区。Js_3^{3-1} 砂组沉积时期，北部合兴场—高庙地区、南部回龙—中江地区为砂体发育主要区域；仍以分流河道沉积及分流间湾沉积为主，在西部合兴场—知新场一带发育边滩沉积，川合 BDJ 井一带决口扇发育；分流河道仍以 NE—SW 展布为特征。Js_2^{4-2} 砂组物源主要来自北部及东北方向。Js_2^3 砂组沉积时期，主要受北东向物源影响，以三角洲分流河道及分流间湾为主，局部地区可见决口扇发育。Js_1^2 砂组沉积时期，砂体不发育，主要为丰谷—中江的两条 NE—SW 向展布细河道，北部河道较南部河道宽。Js_1^1 砂组决口扇沉积主要位于丰谷 CD 井、知新 DB 井一带。

川西拗陷蓬莱镇组受龙门山推覆构造带及北部米仓山物源的影响，沉积相带大体呈 NE—SW 向展布。蓬莱镇组四段以三角洲平原沉积为主体，蓬莱镇组三段、蓬莱镇组二段、蓬莱镇组一段主要为三角洲平原、三角洲前缘和前三角洲亚相（杨克明 等，2012）。在平面上可分为三角洲平原、三角洲前缘砂体带，属于同一时期不同地点的产物，彼此交错相接；在剖面上，最底部为前三角洲泥、浅湖，向上覆盖三角洲前缘及三角洲平原；随着时间推移，三角洲泥岩、三角洲前缘砂岩体及三角洲平原砂体呈彼此交错叠覆的组合关系（朱宏权，2009）。

第五节　川西拗陷侏罗系天然气开发和生产状况

川西拗陷侏罗系气藏纵向上含气层系众多，以川西拗陷东斜坡地区沙溪庙组和成都凹陷蓬莱镇组为主（杨克明，2003；朱宏权，2009）。1995 年实施的川泉 BIB 井在川西拗陷东部斜坡区上沙溪庙组获得工业气流，发现了沙溪庙组气藏，但后续实施的多口评价井勘探成功率低，滚动勘探及开发评价经历了"两下三上"的曲折历程，2010 年以来，伴随地质认识、预测技术及工程工艺的整体进步，实现了川西拗陷东部斜坡区沙溪庙组气藏开发建产的重要突破。侏罗系沙溪庙组河道砂岩气藏主要分布在高庙、中江、回龙等地区。2003 年在对三维地震资料重新处理和解释的基础上，部署实施了针对沙溪庙组气藏的勘探评价井——江沙 H 井。2005 年通过对测试工艺的改进，对江沙 D 井 2217.18～2233.69m 实施了老井挖潜，获得了 $1.7839×10^4m^3/d$ 的工业气流，发现了沙二气藏。2005 年和 2006 年针对沙溪庙组气藏部署了 7 口评价井：江沙 IH 井、江沙 J 井、中江 BA 井、中江 BB 井、中江 BC 井、中江 BD 井和中江 BF 井。Js_1^4 砂组和 Js_2^{4-1} 砂组部署实施了多口开发井，江沙 CB-BHF 井、江沙 CB-CHF 井、江沙 BA-BH 井、江沙 CABHF 井、江沙 D-B 井、江沙 CE-B 井、江沙 CE-D 井等一大批开发井及开发评价井获得了工业气流。在高庙局部构造上部署的高庙 DC 井，2013 年 1 月对 3008～3012m 射孔测试获得 $7×10^4m^3/d$ 的工业产能。高庙子地区沙溪庙组气藏主产层为 Js_3^{3-1}、Js_3^{3-2} 两套砂组，截至 2016 年 11 月底，高庙 Js_3^{3-1}、Js_3^{3-2} 气层 32 口井投产，累产气量 $6.17×10^8m^3$，平均单井产量为 $(1～5)×10^4m^3/d$，其中 Js_3^{3-1} 层产量相对较高。截至 2014 年 1 月，马井、什邡 Jp_3 气藏共测试 55 口井，定向井 32 口，水平井 23 口。富气区：直井 20 口，测试产量为 $(0.8～13)×10^4m^3/d$，平均为 $3×10^4m^3/d$；水平井 14 口，测试产量为 $(0.5～12)×10^4m^3/d$，平均为 $4×10^4m^3/d$。差气区：直井 12 口，测试产量为 $(0.09～13)×10^4m^3/d$，平均为 $1.5×10^4m^3/d$，水平井 9 口，测试产量为 $(0.04～2)×10^4m^3/d$，平均为 $0.9×10^4m^3/d$。侏罗系沙溪庙组主产层为 Js_1^1、Js_3^{3-2}、Js_3^{3-3} 3 套砂组，其次为 Js_1^2、Js_1^4 两套砂组，截至 2016 年 11 月底，沙一气藏 Js_1^1、Js_1^2、Js_1^4 气层共有 39 口井投产，累产气量 $5×10^8m^3$，单井产量为 $(0.5～2)×10^4m^3/d$，其中 Js_1^1、Js_1^2 层产量相对较高；沙三气藏 Js_3^{3-2} 砂组 17 口井投产，累产气量 $5×10^8m^3$，平均单井产量为 $(2～5)×10^4m^3/d$，其中 Js_3^{3-3} 层产量相对较高。另外，Js_2^1、Js_2^3、Js_2^{4-1}、Js_3^{1-2}、Js_3^2 层也具有一定的产能。目前，勘探、开发开展钻井工作的层系有 11 层：Js_1^1、Js_1^2、Js_1^4、Js_2^1、Js_2^3、Js_2^{4-1}、Js_2^{4-2}、Js_3^{1-2}、Js_3^{3-1}、Js_3^{3-2}、Js_3^{3-3}；试采层系有 9 层：Js_1^1、Js_1^2、Js_1^4、Js_2^1、Js_2^3、Js_2^{4-1}、Js_3^{3-1}、Js_3^{3-2}、Js_3^{3-3}，均位于中江、高庙两个含气构造。截至 2016 年，以川西拗陷沙溪庙组气藏为钻探目的层共实施测试井 117 口，针对 Js_1^1、Js_1^2、Js_1^4、Js_2^1、Js_2^3、Js_2^{4-1}、Js_2^{4-2}、Js_3^{1-2}、Js_3^2、Js_3^{3-1}、Js_3^{3-2}、Js_3^{3-3} 共 12 个气层进行了 136 井层测试，获得工业气井 60 口，干井 32 口。

参 考 文 献

曹伟，1999. 川西侏罗系致密砂岩气藏裂缝特征[J]. 石油实验地质，21(1)：12-17.

陈洪德，徐胜林，2010. 川西地区晚侏罗世蓬莱镇期构造隆升的沉积响应[J]. 成都理工大学学报(自然科学版)，37(4)：353-358.

邓康龄，余福林，2005. 川西拗陷的复合构造与油气关系[J]. 石油与天然气地质，26(2)：214-219.

邓起东，陈社发，赵小麟，等，1994. 龙门山及其邻区的构造和地震活动及动力学[J]. 地震地质，16(4)：389-402.

高红灿，郑荣才，柯光明，等，2006. 川西上侏罗统遂宁组沉积相特征[J]. 古地理学报，8(4)：467-476.

胡晓强，陈洪德，纪相田，等，2006. 川西前陆盆地侏罗系层序地层[J]. 西南石油学院学报，28(2)：16-19.

胡烨，陈迎宾，王彦青，等，2018. 川西拗陷回龙构造雷口坡组天然气成藏条件[J]. 特种油气藏，25(1)：46.

黄祖智，唐荣昌，1995. 龙泉山活动断裂带及其潜在地震能力的探讨[J]. 四川地震(1)：18-22.

李宝石，1988. 四川盆地西部区域构造发育特征及其含油性的探讨[J]. 四川地质学报(01)：21-24.

李夏，2014. 川西拗陷侏罗系沉积相研究[D]. 荆州：长江大学.

李勇，曾允孚，伊海生，1995. 龙门山前陆盆地沉积及构造演化[M]. 成都：成都科技大学出版社.

李智武，刘树根，陈洪德，等，2011. 川西拗陷复合-联合构造及其对油气的控制[J]. 石油勘探与开发，38(5)：538-551.

刘树根，罗志立，赵锡奎，等，2003. 中国西部盆山系统的耦合关系及其动力学模式——以龙门山造山带—川西前陆盆地系统为例[J]. 地质学报，77(2)：177-186.

刘树根，李智武，曹俊兴，等，2009. 龙门山陆内复合造山带的四维结构构造特征[J]. 地质科学，44(4)：1151-1180.

柳洋杰，2017. 川西拗陷东坡沙溪庙组天然气优势运移通道研究[D]. 荆州：长江大学.

隆雨辰，2017. 川西拗陷东坡沙溪庙组构造精细解释及应用[D]. 昆明：昆明理工大学.

罗啸泉，安凤山，2007. 川西拗陷圈闭分类[J]. 沉积与特提斯地质，27(1)：67-71.

钱利军，2013. 川西北地区中-下侏罗统物质分布规律与沉积充填过程[D]. 成都：成都理工大学.

乔诚，2017. 川西拗陷东坡沙溪庙组气藏气水分布特征及成藏过程研究[D]. 荆州：长江大学.

谭万仓，侯明才，董桂玉，等，2008. 川西前陆盆地中侏罗统沙溪庙组沉积体系研究[J]. 东华理工大学(自然科学版)，31(4)：336-343.

王全伟，等，2013. 川西龙泉山西坡更新世泥石流的发现及其意义[J]. 沉积与特提斯地质，33(1)：1-4.

王伟涛，贾东，李传友，等，2008. 四川龙泉山断裂带变形特征及其活动性初步研究[J]. 地震地质，30(4)：969-973.

魏力民，柳梅青，2000. 川西新场蓬莱镇组层序地层研究与储层横向预测[J]. 石油与天然气地质，21(3)：220-225.

魏民生，2017. 川西拗陷东坡古构造恢复及其对天然气成藏的控制作用[D]. 荆州：长江大学.

徐胜林，2010. 晚三叠世—侏罗纪川西前陆盆地盆山耦合过程中的沉积充填特征[D]. 成都：成都理工大学.

徐水森，任寰，宋杰，2006. 龙泉山断裂带地震活动性浅析[J]. 四川地震(2)：21-27.

许志琴，侯立玮，王大可，等，1990. 中国西南部松潘—甘孜中生代碰撞型造山带的薄壳构造及前陆逆冲系[J]. 中国地质科学院院报(20)：126-129.

许志琴，李化启，侯立炜，等，2007. 青藏高原东缘龙门—锦屏造山带的崛起——大型拆离断裂和挤出机制[J]. 地质通报，26(10)：1262-1276.

杨凯歌，2009. 川西洛带地区上沙溪庙组储层特征研究[D]. 成都：成都理工大学.

杨克明，2003. 川西拗陷油气资源现状及勘探潜力[J]. 石油与天然气地质，4(4)：322-326.

杨克明，朱宏权，叶军，等，2012. 川西致密砂岩气藏地质特征[M]. 北京：科学出版社.

俞如龙，郝子文，侯立玮，1989. 川西高原中生代碰撞造山带的大地构造演化[J]. 四川地质学报，9(1)：27-37.

袁红英，2017. 川西拗陷东坡沙溪庙组成藏过程研究[D]. 荆州：长江大学.

张国伟，郭安林，姚安平，2004. 中国大陆构造中的西秦岭—松潘大陆构造结[J]. 地学前缘，11(3)：23-32.

张慧娟，2011. 川西拗陷侏罗系沙溪庙组碎屑岩储层成岩作用研究[D]. 成都：成都理工大学.

张闻林，2007. 川西地区侏罗系隐蔽性气藏成藏机制及其勘探目标研究[D]. 成都：成都理工大学.

张庄，2016. 川西拗陷侏罗系天然气成藏富集规律研究[D]. 成都：成都理工大学.

朱宏权，2009. 川西拗陷中段沙溪庙组沉积相与储层评价研究[D]. 成都：成都理工大学.

第三章　高精度层序地层与小层对比

自 20 世纪 80 年代我国开展油气藏描述以来，小层划分在油气田开发实践中的应用成效显著。小层划分和对比遵循下列原则：①以层序地层学理论为基础，按照"旋回对比、分级控制、井震结合、骨架闭合"的原则，结合区域性标志层，进行各砂层组划分与对比；②将区内较大规模的洪泛面，即发育较纯的厚层泥岩段作为标志层，控制砂层组界限，对完整的旋回尽量不劈分；③地层划分与对比先进行砂层组界线的划分与统层，再进行各小层的划分与统层；④以区内取心井为标准井，尊重原划分方案，确定各分层界限。目前，油气藏描述与剩余油气分布规律研究相结合作为精细油藏描述的一项重要基础工作，已成为确定开发潜力和提高采收率等的重要途径。所谓小层，通常是指单砂体或单砂层，属于油气田最低级别的储层单元，为油气开发的基本单元。只有建立正确的等时对比，才能在油气田范围内统一层组的划分，才能将砂体确定在同一个时间单元之内。其划分与对比的可靠程度直接关系到油气藏描述的准确度。针对川西拗陷侏罗系地层沉积特征，以层序地层学、沉积学、石油地质学理论为指导，综合应用地震、测井、钻井、录井、分析测试等资料，依据"标准层控制、旋回对比"的原则，全面考虑构造、沉积旋回、沉积相以及油水关系等多种因素，进行细致对比，全面分析，再对前人的地层划分进行复查，最终实现各区统层。本书主要是利用传统的旋回-厚度地层划分对比法与高分辨率层序地层学小层划分与对比法相结合的砂组、小层划分与对比技术。

第一节　传统的旋回-厚度对比法

传统的旋回-厚度小层划分与对比方法主要从以下几个方面进行。

(1) 利用标志层对比。研究标志层的分布规律及沉积旋回变化，同时遵循油气田划分的生产实际。可以选择易于识别的标志层，这些标志在岩心和测井剖面上易于识别、分布稳定、具有极好的等时性，因此，可操作性较强，是研究区油层组和小层对比中极好的等时对比划分标志。

(2) 利用沉积旋回对比。研究目的层段有明显的沉积旋回，可将沉积旋回的变化作为划分砂层组的依据。

(3) 利用岩性厚度对比。在油气田范围内，同一沉积期形成的单砂体，岩性与厚度都具有相似性，可在短期旋回内分析单砂体发育程度。前人大量的研究成果表明，在盆地内部地壳运动以整体的垂直升降作用为主，盆内地层厚度基本保持一致，横向对比相对比较稳定。若研究区具有这一特点，即可采用"等厚法"的地层对比方法。

因此，传统的小层对比方法可以归纳为以标志层为主，以沉积旋回对比为辅，以厚度为参考的划分原则。然而，在以往用岩性和不同级次沉积旋回的对比中，尤其是在精细的油气层和小层单砂体划分对比时,经常遇到在同一级旋回内横向上小层砂体的尖灭和垂向上叠置增厚等问题,具体操作难度很大。

第二节　高分辨率层序地层划分与对比

一、划分与对比原理

高分辨率层序地层划分与对比是以露头、测井、岩心和三维高分辨率地震反射资料为基础,以高分辨率层序地层理论为指导,建立区域、油气田乃至油气藏级高精度对比格架,在成因地层格架内对地层[包括生油(气)层、储层和隔层]进行评价和预测的一项理论和技术(Cross,1997;Cross and Lessenger,1998;宋万超 等,2003)。高分辨率层序地层的理论核心是指在基准面旋回变化过程中,由于沉积物可容空间与沉积物供给量比值(A/S)的变化,相同体系域中沉积物发生再分配作用导致沉积物堆砌样式、相类型及相序、岩石结构、保存程度发生变化。这些变化是沉积体系与在基准面旋回中所处位置和可容空间的函数(Van Wagonerjc,1988)。依据基准面旋回持续时间的长短,可以将其划分为短期基准面旋回、中期基准面旋回和长期基准面旋回。每个高级次的基准面旋回由若干个具有相同地质背景和沉积特征的低级次基准面旋回相互叠加而成(刘波,2002)。在基准面旋回的研究中,岩心资料用于确定短期基准面旋回,测井资料用于确定短、中期基准面旋回,而地震剖面用于确定中、长期基准面旋回。

二、划分与对比方法

(1)基准面旋回的划分。地层旋回是在相序分析的基础上识别出来的,相序及在纵向上的相分异直接与基准面旋回中可容空间的变化密切相关。一个完整的基准面旋回及与其伴生的可容空间的增加与减小在地层记录中由代表二分时间单元的完整的地层旋回组成,有时仅由不对称的半旋回和代表侵蚀作用或非沉积作用的界面构成。地层记录中不同级次的地层旋回记录了相应级次的基准面旋回。所以露头剖面是高级次旋回识别的基础,通过取心观察可建立合理的测井响应模型,在此基础上,根据测井曲线确定的短期旋回及其相组合和叠加样式进而识别长期旋回。地震反射界面基本上是平行于地层的等时界面,因此可用地震反射剖面来识别长期基准面旋回。

(2)地层旋回的等时对比。高分辨率地层对比是在依据各级次基准面旋回划分和建立高分辨率地层对比格架后进行的(邓宏文 等,2000)。它是同时代地层与界面的对比而不是简单地进行砂对砂、泥对泥的对比,也不是旋回幅度和岩石类型的对比,而是根据在一个旋回中不同地理位置上的地层发育特点进行对比。高分辨率等时地层对比的关键是不同级别基准面旋回的识别。利用岩心资料及沉积标志分析沉积微相类型及组合关系,可识别短期基准面旋回。在建立测井曲线响应模板的基础上,根据短期旋回的叠加样式,可识别中期基准面旋回。把基准面旋回转换点作为高分辨率等时地层对比的优选位置进行连井剖面地层对比,建立本地区高分辨率地层格架。小层划分与对比是油气藏精细描述的第一步,也是最为关键的一步，是开展地质建模和油气藏精细描述的基础。

综上所述，在对研究区进行小层划分与对比的过程中使用了如下技术：

（1）高程对比切片法，即将等距于同一标志层的砂体顶底面作为等时面，将处在两个等时面之间的砂体划分为同一单砂体。也就是说，同一河道沉积，其顶面距标准面或某一等时面应有基本相等的高程。反之不同时期沉积的河道砂体，其顶面高程应不相同。该对比技术在地层平缓、构造不发育的较稳定沉积盆地的地层对比中应用普遍。在油气藏描述的小层对比中该方法是非常重要的，可以真正地实现等时对比。

（2）多期河流叠置厚砂体分层技术。依据厚度和曲线形态判别叠置砂体，据等高程切片法，将多期叠置的厚砂体在距标准面一定距离（距离为欲划分地层的平均厚度，精确一点可采用邻井的厚度为依据）内"一分为二"。

（3）沉积模式在小层划分与对比中始终起到指导作用，这是由于陆相沉积的相变快，沉积微相类型多，同一个微相砂体延伸不远。因此，应以研究区的沉积模式为指导，以标志层为基准面，以等高程切片法为手段，将不同微相的地层划分到同一等时单位中，相应地方可实现等时划分。

（4）利用动静结合验证小层划分的正确性，不断地修正地质分层，进一步修正地质模型。

在研究区小层对比与划分中将层序地层学和传统的小层划分方法有机结合，使用上述4项技术可避免或大大减少窜层现象。

此外，通过传统的小层对比方法和高分辨率层序地层学指导下的地层对比方法的有机结合，砂层组划分的基本原则为将沉积层序、旋回性与储层非均质性、岩性相结合，即从沉积成因出发落脚于储层的开发地质特征。通过大量井网资料，在充分研究区内沉积环境及沉积相的基础上，依据小层砂体横向变化的稳定程度，对各类测井曲线进行综合分析，概括为6种基本对比类型。

（1）稳定型——砂层侧向较稳定、厚度相似，以对应的顶底界相连。此种类型较普遍，是物源供给和水动力条件稳定的反映。

（2）分叉型——砂层侧向分叉，分层由泥岩隔开，单砂层顶、底与上分层顶及下分层底相连，内部以各分层多层对比连线。这种类型是分流河道或水下分流河道在区域上由于水位不稳定造成的砂体变化。

（3）尖灭型——砂层侧向变薄尖灭，相变为泥岩，以尖灭形式连线，是河道边缘沉积与泛滥平原泥岩或前缘席状砂与湖相泥岩接触形成的。

（4）稳定叠置型——由于对下伏地层的冲刷作用，上、下单砂层叠置且侧向上叠置状态稳定。例如，后期分流河道的冲刷作用，导致前一时间单元顶部受到冲刷，随后沉积新的砂体并形成砂体叠加。

（5）叠置分叉型——上下叠置的单砂层，在侧向上分叉，根据测井曲线的变化劈分叠置砂体并分层连线。水动力条件的变化造成叠置的河道砂体在部分地区被泥岩重新分隔。

（6）叠置尖灭型——上下叠置的单砂层，在侧向上某个砂体发生尖灭，据测井曲线的变化劈分叠置砂体，分层尖灭式连线。例如，三角洲平原分流河道砂体，不同的物源供给及水动力条件造成不同期发育的分流河道延伸范围不同，早期的砂体只是在局部与晚期的砂体接触。

第三节　目的层小层划分与对比

一、小层划分及对比的依据

砂组及小层的划分与对比是依据高分辨率地层或沉积旋回、岩性组合关系等，建立研究区各井区层组间的等时对比关系。本次小层划分原则可归纳为"寻标、先大、后小、旋回控"，即首先寻找区域性的标志层，然后细分砂组，最后用沉积旋回来控制小层砂体。除此之外，再结合地层厚度、相变、高程、横向连续性等特征，在对比过程中，突出沉积旋回及岩性的变化规律。具体实施办法如下：①全面掌握区域沉积背景及地层特征；②寻找并确定地层划分对比标志；③掌握层序地层构架；④建立标准井后进行单井划分；⑤编制骨干连井剖面对比图；⑥井震标定检验对比结果；⑦细划砂组，全区闭合；⑧统计整理分层数据。

1. 标准层

1）区域性标志层

标志层是指一层或一组具有明显特征，可进行地层对比的岩层。它具有岩性特征明显、层位稳定、分布范围广、易于鉴别的特点。

在川西拗陷东坡中侏罗统上沙溪庙组顶部（Js_1 界面）、上沙溪庙组底部（Js_3 界面）、下沙溪庙组底部（J_2x 界面）存在比较容易识别的具有区域对比意义的不整合界面及对应的整合界面、大型侵蚀冲刷面（沉积间断面）（图 3-1）。

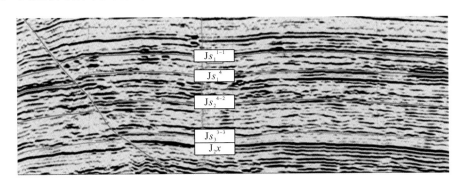

图 3-1　下沙溪庙组底地震反射界面特征

2）单井主要标志层

在单井上，主要通过识别沉积间断面来识别单一河道的垂向界面。所谓沉积间断面，是指在纵向沉积层序中一期连续稳定沉积结束后到下一期连续稳定沉积开始之前形成的有别于上、下邻层的特征岩性，在本区主要有泥质夹层、钙质层、电性突变层或韵律突变层 3 种类型。

（1）泥质夹层。多期次叠加的复合河道中，泥质夹层代表了一期河道沉积结束到下一期河道沉积开始之间短暂的细粒物质沉积。这种泥质夹层是识别两期河流沉积的重要标志，在横向上往往不稳定，追溯对比泥质夹层有一定难度，有时泥质夹层较薄，测井曲线上常表现出物性夹层的特点。图 3-2(a)为利用泥质夹层划分河道单砂体示意图，图中泥质夹层电性表现为高自然伽马、低视电阻率特征，综合判定为一泥质夹层，依据此夹层可将该小层划分为上、中、下 3 个河道单砂体。

(2)钙质层。钙质层在研究区复合砂体内部发育，它是局限、浅水、蒸发环境的产物，尤其是复合砂体中部含钙质，代表了一期河道发育后，原河床水体不流畅，长期处于浅水蒸发环境，形成钙质层；当后期洪水到来时，除已有河床充满水外，原废弃河床再次复活，形成新的浅河道，带来砂质沉积覆盖在钙质层上。砂体中部钙质层在现代三角洲平原沉积中普遍存在，因此，也是鉴别两期河道沉积的重要标志。在图 3-2(b)中，钙质夹层特征表现为声波时差曲线剑锋状，具有典型的砂体中部钙质层特征，其上下分别为两期河道形成的单砂体。另一种钙质层出现在砂体顶底面，多为成岩阶段的产物。

(3)电性突变层或韵律突变层。复合河道砂体的复杂性在于多期次河道冲刷充填叠加。两期河流在气候、物源、坡降(局部坡降)、流速、流量、输砂量等方面的差异会造成河道砂体粒径、分选性、储集层物性等的差别，反映在自然伽马、声波时差、微电极和深浅侧向测井曲线上出现一个台阶或突变面上下韵律不同，这种台阶的转换面可认为是沉积间断面。由图 3-2(a)和图 3-2(c)可以明显看出，中间河道与下部河道视电阻率韵律发生变化，图 3-2(c)中上下河道自然伽马、声波时差曲线特征整体基线偏移，突变面之下砂岩粒度较粗，物性较好，突变面之上砂岩粒度较细，物性较差。

2. 侏罗系沙溪庙组各段的划分

1)下沙溪庙组底部(J_2x/J_2q)

岩性特征：中侏罗统下沙溪庙组与下伏千佛崖组的分界面。区域上，该界面起伏不平，界面下的千佛崖组顶部地层保存不全，表明存在持续时间较长的沉积间断。从区域地层对比上看，该界面表现为下沙溪庙组底部的"关口砂岩"对界面的渐进超覆不整合接触关系。

测井曲线特征：下沙溪庙组与千佛崖组呈显著的突变接触关系，自然伽马曲线在千佛崖组顶部具有弱齿化中高幅漏斗形特征，下沙溪庙组底部具有中高齿化箱形或钟形中高幅特征。

地震反射界面特征：地震剖面上该界面具有中连续、中强振幅、中频地震反射特征，为川西地区较连续分布的区域性地震反射界面，具有一定程度的超覆现象。

2)上沙溪庙组底部(J_2s/J_2x)

岩性特征：盆地边缘地区上沙溪庙组底部的"嘉祥寨砂岩"直接超覆在下沙溪庙组顶部代表最大洪泛期沉积的"叶肢介页岩"之上，呈岩性突变关系，本区"叶肢介页岩"普遍被"嘉祥寨砂岩"截切缺失。

同时，上沙溪庙组底部也是一个最大洪泛面，最大洪泛面指长期基准面旋回中水位上涨达最高点位置、湖面范围最大和沉积速率最小时期发育的沉积界面，代表长期基准面持续上升的进积→退积序列折向下降的加积→进积序列的相转换面。在地表露头、钻井岩心

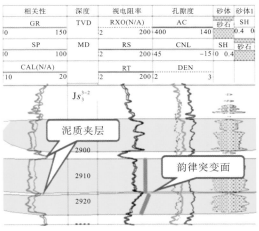

(a)泥质夹层、韵律突变面（丰谷F井）

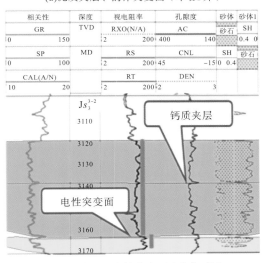

(b)钙质夹层、电性突变面（丰谷F井）

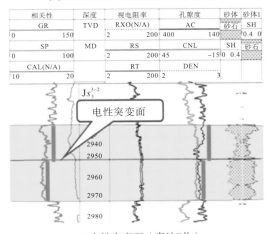

(c)电性突变面（高沙F井）

图3-2　单河道垂向识别标志

和测井剖面中,此类界面以其特有的细粒暗色岩性和相对较深水的岩相,以及高自然伽马值电性特征为主要识别标志。

测井曲线特征:下沙溪庙组与上沙溪庙组呈突变接触关系,伽马曲线在下沙溪庙组顶部具有弱齿化低幅特征,上沙溪庙组底部具有箱形中高幅特征。

地震反射界面特征:本区上沙溪庙组底部的"叶肢介页岩"受地层侵蚀影响,分布不稳定,但该最大洪泛面与侵蚀冲刷面共同形成了一套稳定的地震反射界面。地震剖面上该界面具有高连续、中强振幅、中低频地震反射特征,为川西地区较连续分布的区域性地震反射界面,与下伏地层的地震反射基本上为平行或者亚平行。

3)遂宁组底部侵蚀冲刷面(J_3sn/J_2s)

岩性特征:在龙门山前表现为侵蚀间断,在盆内表现为相关整合面,在垂向上层序是一个由粗转细的相转换面,界面之上以滨湖-浅湖相沉积为主,界面之下以河流相、三角洲相沉积为主。

测井曲线特征:在盆地内部与下伏沙溪庙组呈渐变接触关系,沙溪庙组顶部自然伽马曲线具有中高齿化钟形中幅特征,遂宁组底部具有中低齿化低幅特征。

地震反射界面特征:地震剖面上该界面具有中连续、中强振幅、中频地震反射特征,为川西地区较连续分布的区域性地震反射界面,对下伏地层具有一定程度的超覆现象。

3. 依据湖平面升降旋回性划分各砂组

按照"旋回对比、分级控制、井震结合、骨架闭合"的原则,利用测井曲线旋回特性界定各砂组。

4. 依据测井曲线的旋回变化划分小层

在应用测井曲线的旋回变化划分砂组的基础上,采用等厚对比、叠置砂体劈层对比、下切砂体对比、相变细分对比等模式指导完成研究区小层的划分与对比工作。

1)等厚对比模式

在川西拗陷东坡,钻井数量较多,井间距离近,密度大,沉积相带变化小,地层厚度变化不大,针对此类地层,依据测井曲线形态的相似性应用等厚对比原则进行小层划分对比(图3-3)。

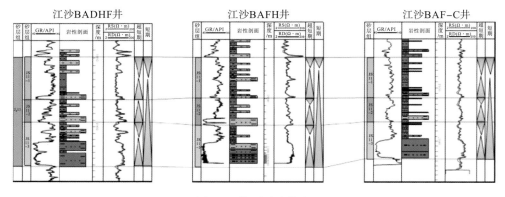

图 3-3 等厚对比模式

2)叠置砂体劈层对比模式

沙溪庙组沉积时期,部分层段早期发育一期河道沉积,晚期又有一期河道沉积,且水流较强,冲刷早期河道顶部的沉积物,形成测井曲线上所谓的"箱形河道",这类砂体厚度较一般河道要大,需要进行劈分(图3-4)。

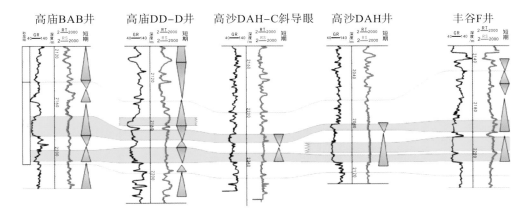

图3-4 叠置砂体劈层对比模式

3)下切砂体对比模式

由于河道主流线附近冲刷最强烈,砂体明显"下切",在对比这类砂体时,不能简单地应用等高程或厚度相近的对比方法"劈层",要将冲刷面作为底界(图3-5)。

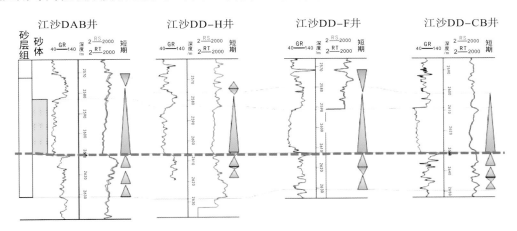

图3-5 水下分流河道下切成因对比模式

4)相变细分对比模式

研究区内井间间距较大,横向对比时相变快,相邻井间曲线、储层厚度变化大,小层对比时也可以按微相的横向变化进行。例如,隆兴 B 井—江沙 IH 井—江沙 H 井连井剖面中,Js_3^{1-2} 小层由隆兴 B 井远砂坝到江沙 IH 井的水下分流河道微相再到江沙 H 井的水下分流河道微相,储层厚度变化大,相控明显(图3-6)。

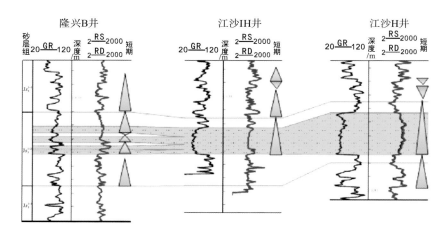

图 3-6　相变细分对比模式

5. 井震结合划分小层

利用测井资料进行地层划分对比时，主要考虑了曲线的旋回性和相似性，没有充分考虑地层的形态和产状，为了更好地划分，本书将岩心资料、测井资料与地震资料结合。将分层数据加载到地震数据体中，从地震剖面图上结合地层产状、断层分布情况对分层结果进行分析。对于相差太大的分层结果，不仅从地震方面入手进行分析，更重要的是从岩心与测井资料方面进行分析，通过反复、多方位的分析与研究，使得分层精度提高(图 3-7)。通过多方资料结合，使得测井划分的砂组分层与地震资料相吻合，由于三维地震在空间上是等时的闭合体，可以充分保证测井分层的等时性和闭合性。

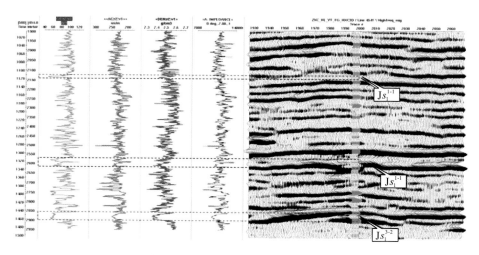

图 3-7　高沙 DAB 井合成记录标定

6. 闭合骨架剖面控制全区对比

优选研究区钻遇层位全、构造简单、沉积特征明显的井组成闭合骨架剖面及环状剖面作为辅助剖面，以高分辨率层序地层学为指导，同样采用闭合骨架剖面控制对比方法，骨架井砂组划分原则上尊重原划分方案，确定川西拗陷东坡地区沙溪庙组地层的各分层界限，其他非骨架剖面上井的对比以骨架井为依托，采取邻井对比原则，先进行川西拗陷东坡地区沙溪庙组各段及砂层组界线的划分，最后进行小层的划分对比。以闭合骨架剖面作为地层对比的标准剖面(图 3-8)，完成其他非骨架剖面井的地层对比，在对比过程中保证每条对比剖面都包含几口骨架剖面井。

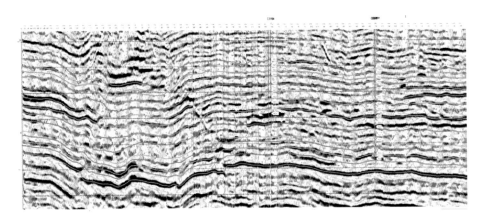

图 3-8　过高沙 DAB 井地震剖面(联络线)

二、划分及对比结果

从沉积旋回、标志层、厚度、高精度层序地层学出发，以骨架剖面小层划分、对比为依据，对单井旋回划分进行调整，实现研究区范围内的分界线的统一。从相邻钻井开始，对其他钻井的对比工作逐一展开。以长期基准面旋回层序为基础，川西拗陷侏罗系沙溪庙组自下而上可划分为 2 个长期旋回、3 个中期旋回，11 个短期旋回、18 个超短期旋回。其中，上、下沙溪庙组各对应 1 个长期旋回，上沙溪庙组含 2 个中期旋回，发育 Js_1 气藏和 Js_2 气藏；下沙溪庙组含 1 个中期旋回，发育 Js_3 气藏。沙溪庙组共划分出 11 套砂层组，18 套小层或单砂体。上沙溪庙组埋深为 2300～2800m，地层厚度平均为 500m，从上到下划分为 8 个砂组，其中 Js_1 气藏发育 4 个砂组，从上到下依次命名为 Js_1^1～Js_1^4，Js_2 气藏发育 4 个砂组，从上到下依次命名为 Js_2^1～Js_2^4，下沙溪庙组埋深为 2900～3200m，地层厚度平均为 250m，划分为 3 个砂组，从上到下依次命名为 Js_3^1～Js_3^3(表 3-1)。小层砂体厚度介于 1～39m 之间，平均为 16.2m。区内砂体整体从北东向南西延伸，以河道砂沉积为主，多期河道纵横向交错叠置。平面上沿河道呈条带状，垂直河道呈透镜状展布。此外，川西拗陷侏罗系蓬莱镇组从上到下依次为 Jp_1、Jp_2、Jp_3、Jp_4；又以中短期基准面旋回层序作为划分砂组的基本单位，蓬莱镇组划分为 29 个砂组，从上到下依次命名为 Jp_1^1～Jp_1^6、Jp_2^1～Jp_2^5、Jp_3^1～Jp_3^{10}、Jp_4^1～Jp_4^8；在砂组划分的此基础上进一步划分了 72 个小层(表 3-1)。

表 3-1   川西拗陷侏罗系蓬莱镇组和沙溪庙组砂组划分方案表

地层	气藏	分气藏	砂层组	砂体
蓬莱镇组 (J$_3$p)	蓬莱镇组气藏 (Jp)	蓬一气藏 (Jp$_1$)	Jp$_1^1$	Jp$_1^{1-1}$、Jp$_1^{1-2}$
			Jp$_1^2$	Jp$_1^{2-1}$、Jp$_1^{2-2}$、Jp$_1^{2-3}$
			Jp$_1^3$	Jp$_1^{3-1}$、Jp$_1^{3-2}$、Jp$_1^{3-3}$
			Jp$_1^4$	Jp$_1^{4-1}$、Jp$_1^{4-2}$、Jp$_1^{4-3}$
			Jp$_1^5$	Jp$_1^{5-1}$、Jp$_1^{5-2}$
			Jp$_1^6$	Jp$_1^{6-1}$、Jp$_1^{6-2}$
		蓬二气藏 (Jp$_2$)	Jp$_2^1$	Jp$_2^{1-1}$、Jp$_2^{1-2}$、Jp$_2^{1-3}$
			Jp$_2^2$	Jp$_2^{2-1}$、Jp$_2^{2-2}$、Jp$_2^{2-3}$
			Jp$_2^3$	Jp$_2^{3-1}$、Jp$_2^{3-2}$、Jp$_2^{3-3}$
			Jp$_2^4$	Jp$_2^{4-1}$、Jp$_2^{4-2}$、Jp$_2^{4-3}$
			Jp$_2^5$	Jp$_2^{5-1}$、Jp$_2^{5-2}$、Jp$_2^{5-3}$
		蓬三气藏 (Jp$_3$)	Jp$_3^1$	Jp$_3^{1-1}$、Jp$_3^{1-2}$
			Jp$_3^2$	Jp$_3^{2-1}$、Jp$_3^{2-2}$
			Jp$_3^3$	Jp$_3^{3-1}$、Jp$_3^{3-2}$
			Jp$_3^4$	Jp$_3^{4-1}$、Jp$_3^{4-2}$、Jp$_3^{4-3}$
			Jp$_3^5$	Jp$_3^{5-1}$、Jp$_3^{5-2}$
			Jp$_3^6$	Jp$_3^{6-1}$、Jp$_3^{6-2}$
			Jp$_3^7$	Jp$_3^{7-1}$、Jp$_3^{7-2}$、Jp$_3^{7-3}$
			Jp$_3^8$	Jp$_3^{8-1}$、Jp$_3^{8-2}$
			Jp$_3^9$	Jp$_3^{9-1}$、Jp$_3^{9-2}$、Jp$_3^{9-3}$
			Jp$_3^{10}$	Jp$_3^{10-1}$、Jp$_3^{10-2}$、Jp$_3^{10-3}$
		蓬四气藏 (Jp$_4$)	Jp$_4^1$	Jp$_4^{1-1}$、Jp$_4^{1-2}$
			Jp$_4^2$	Jp$_4^{2-1}$、Jp$_4^{2-2}$
			Jp$_4^3$	Jp$_4^{3-1}$、Jp$_4^{3-2}$
			Jp$_4^4$	Jp$_4^{4-1}$、Jp$_4^{4-2}$
			Jp$_4^5$	Jp$_4^{5-1}$、Jp$_4^{5-2}$
			Jp$_4^6$	Jp$_4^{6-1}$、Jp$_4^{6-2}$
			Jp$_4^7$	Jp$_4^{7-1}$、Jp$_4^{7-2}$、Jp$_4^{7-3}$
			Jp$_4^8$	Jp$_4^{8-1}$、Jp$_4^{8-2}$、Jp$_4^{8-3}$
上沙溪庙组 (J$_2$s)	上沙溪庙组气藏 (Js)	沙一气藏 (Js$_1$)	Js$_1^1$	Js$_1^{1-1}$、Js$_1^{1-2}$
			Js$_1^2$	Js$_1^2$
			Js$_1^3$	Js$_1^{3-1}$、Js$_1^{3-2}$
			Js$_1^4$	Js$_1^4$
		沙二气藏 (Js$_2$)	Js$_2^1$	Js$_2^1$
			Js$_2^2$	Js$_2^2$
			Js$_2^3$	Js$_2^{3-1}$、Js$_2^{3-2}$
			Js$_2^4$	Js$_2^{4-1}$、Js$_2^{4-2}$
下沙溪庙组 (J$_2$x)	下沙溪庙组气藏 (Jx)	沙三气藏 (Js$_3$)	Js$_3^1$	Js$_3^{1-1}$、Js$_3^{1-2}$
			Js$_3^2$	Js$_3^2$
			Js$_3^3$	Js$_3^{3-1}$、Js$_3^{3-2}$、Js$_3^{3-3}$

参 考 文 献

邓宏文，王红亮，宁宁，2000．沉积物体积分配原理——高分辨率层序地层学的理论基础[J]．地学前缘，7(4)：305-314．

刘波，2002．基准面旋回与沉积旋回的对比方法探讨[J]．沉积学报，20(1)：113-118．

宋万超，刘波，宋新民，2003．层序地层学概念、原理、方法及应用[M]．北京:石油工业出版社.

Cross T A,1997. Amanz gressly's role in founding modern stratigrapic[J].Geological Society of American Bulletin,109: 1617-1630.

Cross T A, Lessenger M A,1998. Sediment volume partitioning: rationale for stratigraphic model evaluation and high-resolution stratigraphic correlation// Gradstein F M, sandvak K O, milton N J. Sequence Stratigrapic Concept and Application[C]. NPF Special Publication,8 :171-195.

Van Wagonerjc, 1988. An overview of the fundamentals of the sequence stratigraphy and key definitions[A]//Wilgus cK. Sea-level changes: an integrated approach[C]. Society of Economic Paleontologists and Mineralogists Special Publication,42: 125-154.

第四章　沉积微相精细刻画

第一节　物源多元综合分析

物源分析可以确定源区位置、物源方向、母岩类型、搬运路径及距离，对研究盆地沉积和构造演化具有重要意义。针对川西拗陷中上侏罗统碎屑岩物源问题，前人已经开展了一些研究(陈洪德和徐胜林，2010)。本书主要是利用重矿物指数分析法、岩石学分析法、古地貌学分析法、地球物理资料物源分析方法等对川西拗陷侏罗系物源进行了多元综合分析。

一、重矿物指数分析法

重矿物是指碎屑岩中密度大于 $2.86g/cm^3$ 的陆源碎屑矿物，利用重矿物分布特征以及稳定碎屑组分变化确定物源方向及其影响范围是物源分析中最常用的方法。碎屑矿物在搬运过程中，不稳定的矿物逐渐发生机械磨蚀或化学分解，因而随着搬运距离的增加，性质不稳定的矿物(长石、岩屑等)逐渐减少，稳定矿物(如石英)及重矿物的相对含量逐渐升高。由于矿物之间具有严格的共生关系，所以稳定矿物及重矿物组合是物源变化的极为敏感的指示剂。在物源相同、古水流体系一致的碎屑沉积物中碎屑重矿物的组合具有相似性，而母岩不同的碎屑沉积物则具有不同的稳定矿物及重矿物组合，这是利用稳定矿物及重矿物分布特征判断物源方向的根本依据。通过稳定矿物及重矿物的矿物学研究及统计学分析，可以确定有成因联系的重矿物组合，并借此判断物源区的母岩类型；应用稳定矿物及重矿物或重矿物组合的稳定性，可以推测沉积物的搬运距离和搬运方向，进而确定物源方向及其影响范围。重矿物稳定系数是指重矿物中稳定重矿物的含量，以 ZTR 指数表示，是指锆石(zircon)、电气石(tourmaline)和金红石(rutile) 3 种矿物占透明矿物的百分含量。通过对川西拗陷沙溪庙组稳定矿物数据及重矿物稳定系数的统计研究发现：沙溪庙组沉积时期，四川盆地周缘的逆冲推覆活动主要发育在盆地北缘米仓山—大巴山一带，西北龙门山前逆冲推覆构造活动相对较弱。上、下沙溪庙组物源综合分析图(图 4-1、图 4-2)所反映的现象相似，其中砂地比值均从龙门山和米仓山两个方向向研究区内部逐渐减小，砂岩组分中石英的百分含量逐渐升高，ZTR 指数逐渐增大。龙门山北段山前地区重矿物组合的显著特点为次稳定重矿物石榴石含量相当高，表现为高石榴石重矿物组合，说明沉积母岩类型以变质岩为主，其次为酸性岩浆岩；而拗陷内地区重矿物组合属石榴石-绿帘石-锆石-电气石组合，表明沉积母岩以变质岩为主，其次为酸性岩浆岩，但因绿帘石含量较高，说明与孝泉、文星、丰谷等地的物源有所不同，可能还存在北东方向的物源；靠近龙门山中段的地区重矿物组合属锆石-电气石-石榴石组合，表明沉积母岩以酸性岩浆岩为主。

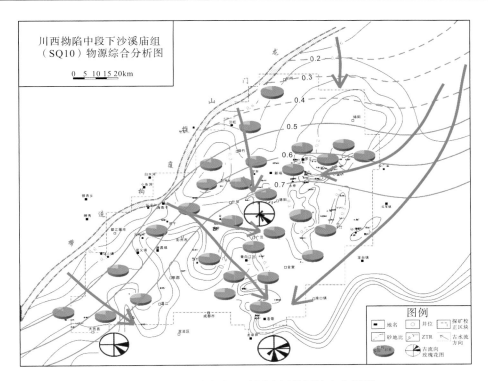

图 4-1　川西拗陷中段下沙溪庙组物源综合分析图

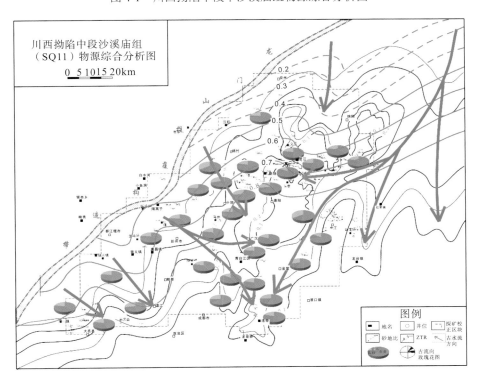

图 4-2　川西拗陷中段上沙溪庙组物源综合分析图

二、岩石学分析法

砂岩是陆源碎屑岩的主要岩石类型，其碎屑组分主要来源于母岩机械破碎的产物，是反映物质来源的重要标志，不同地区岩石矿物学特征的差异能够反映其物源的差异(陈洪德和徐胜林，2010)。通过对川西拗陷沙溪庙组砂岩的研究发现，龙门山前，砂岩中长石含量普遍低于20%，石英含量一般高于50%，表现出"贫长石，高石英"的特征；而拗陷内的新场、合兴场、马井、中江、新都、洛带等地，砂岩碎屑矿物组分基本一致，石英含量一般低于50%，长石含量为28%~35%，表现出"富长石，低石英"的特征。显然，龙门山前砂岩成分成熟度高于拗陷内地区。因此，该时期拗陷内存在北东方的物源。通过对川西拗陷蓬莱镇组25口取心井的岩心观察和1819张薄片鉴定结果的分析表明，区内碎屑成分及含量有所变化，其能够反映物源与供给水系的变化。区内蓬莱镇组砂岩的碎屑成分主要为岩屑(8%~94%)，次为石英(6%~83%)和长石(1%~21%)，主要为岩屑石英砂岩及长石岩屑砂岩，含少量岩屑砂岩；岩屑主要由岩浆岩和变质岩组成，但以中酸性喷出岩、熔岩为主，偶见蚀变岩，少量井含沉积岩碎屑和盆内碎屑，另见安山岩、石英岩，板岩、千枚岩等；长石主要由稳定的钾长石组成，斜长石含量极少。

三、古地貌学分析法

川西拗陷沙溪庙组古流向具有以下特点：龙门山前砂岩地层，古流向以北西—南东向为主，其次为西—东向；拗陷内砂岩地层，显示的古流向具有多向性，以北西—南东向为主，还有少许东—西向及极少量的南东—北西向，表明具有多物源特征，沉积物质具有向川西拗陷中部(成都一带地区)汇集的趋势。综上所述，沙溪庙组沉积时期具有多物源的特征，龙门山中段和龙门山北段—米仓山同时向川西拗陷提供物源。

利用目的层段厚度变化，在排除成岩压实、暴露剥蚀等因素的影响下，可恢复目的层段沉积前古地貌，并以此来实现古水流方向的推断。针对川西拗陷侏罗系沙溪庙组，首先恢复喜山期剥蚀厚度，根据单井泥岩声波时差与深度的关系，利用声波时差法进行单井剥蚀厚度恢复(图4-3)，本书对川西拗陷东坡地区高庙—丰谷、合兴场、知新场、永太及中

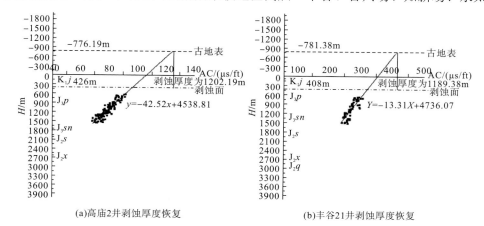

图4-3 单井泥岩声波时差法剥蚀厚度恢复图

江—回龙 5 个区块 64 口井喜山期剥蚀厚度进行了恢复。以声波测井资料恢复的地层剥蚀厚度为主要依据，结合地震和区域构造演化，编制了川西拗陷东坡地区喜山期剥蚀厚度等值线图(图 4-4)。喜山运动在东坡地区表现为整体抬升，剥蚀厚度普遍在 1000m 以上。此期间川西拗陷东坡地区发生构造反转，南部地区剧烈隆起，沿南北向构造呈现南高北低特征。知新场靠近断裂带地区，地层剥蚀厚度接近 1500m，中江—回龙地区剥蚀厚度相对较小，接近 1350m。高庙地区剥蚀量大于丰谷地区，研究区从西向东剥蚀厚度表现减小的特征。沙溪庙组沉积时期东斜坡内部海拔相差不大，呈现北东高、南西低的特点；孝泉—新场—合兴场—丰谷隆起带以及知新场—石泉场断裂带尚未形成，在孝泉、合兴场等地均可形成水流的注入。研究表明，川西拗陷东坡地区沙溪庙组物源主要来自北东和北部。

　　结合镜质体反射率，以声波时差为主，计算获得川西拗陷地区喜山期的剥蚀厚度。在恢复喜山期剥蚀厚度的基础上，根据地层厚度、岩性，采用盆地模拟软件 PetroMod11 对川西拗陷蓬莱镇组沉积时期古地貌进行了恢复。结果显示，蓬莱镇组二段沉积时期凹陷内部海拔相差不大(图 4-5)，但仍呈现北东高、南西低的特点；蓬莱镇组三段沉积时期古地

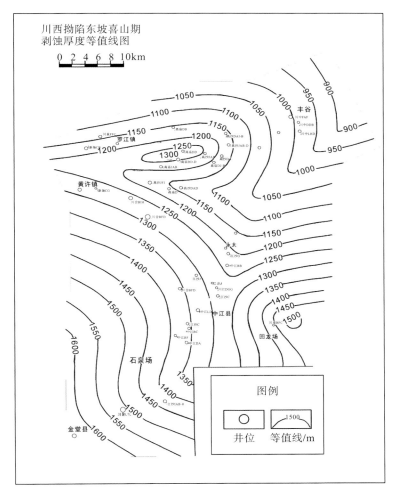

图 4-4　川西拗陷东坡地区喜山期剥蚀厚度等值线图

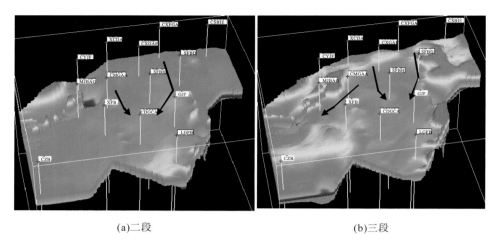

(a)二段   (b)三段

图 4-5　成都凹陷蓬莱镇组二段、三段沉积时期古地貌

貌与蓬莱镇组二段沉积期基本一致，成都凹陷内部除局部区域(温江附近)外，均为构造相对低部位，孝泉—新场—合兴场—丰谷隆起带尚未完全形成，在孝泉、合兴场等地均可形成水流的注入。马井、什邡蓬莱镇组二段、三段物源主要来自北西、北部，广汉—金堂、新都—洛带地区物源则主要来自北东方向，温江、崇州邻近山前一带物源部分来自龙门山中段大邑、聚源一带。

四、地球物理资料物源分析法

利用地震剖面进行物源分析主要依据前积反射方向，图 4-6 为川西丰谷地区上沙溪庙组南北向剖面，剖面位于右图南北向直线处，剖面中上部强反射可见明显的由北至南前积特征，红色箭头标示了 4 期前积，因此认为物源主要来自研究区北部，这与沙溪庙组沉积区域地质背景吻合。右图为前积目标层振幅属性平面图，剖面及平面结合可确定图中左侧舌状强振幅异常为三角洲前缘朵叶体的宏观响应，内部条带状强振幅为三角洲前缘水下分流河道的沉积响应，朵叶体北部窄，中部变宽，南部舌状收敛，根据沉积地质模型亦可推断物源主要来自北部。

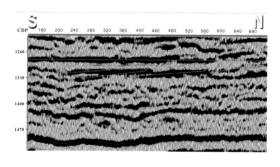

图 4-6　丰谷地区上沙溪庙组南北向剖面(左)、目标层平面振幅属性图(右)

<h1 style="text-align:center">第二节　沉积微相划分标志</h1>

相标志是指能够反映沉积特征和沉积环境的标志。岩心是沉积相研究乃至整个油气藏描述的第一手资料。岩心分析是沉积相研究中最重要的基础，通过对岩心的观察和描述挖掘岩心中所蕴含的相标志信息，建立沉积相划分标志，确定垂向旋回特征和沉积相类型。通过对中江地区河道砂岩气藏取心井及邻区取心井岩心及录井资料的研究，选取了以岩石学特征、粒度分布特征、泥岩颜色、沉积构造、生物特征、测井曲线特征为主的沉积微相的划分标志，建立了研究区目的层段的沉积微相划分标志。

一、岩石学特征

通过对川西拗陷中江地区 44 口井沙溪庙组河道砂岩储层 1347 块砂岩碎屑组分进行统计分析表明，沙溪庙组砂岩的碎屑成分主要为石英和长石，其次为岩屑，其中石英含量平均为 48.86%，长石含量平均为 28.88%，岩屑含量平均为 21.61%；岩屑以沉积岩岩屑较多，其次为变质岩岩屑，岩浆岩岩屑较少。岩石类型主要为岩屑长石砂岩、长石岩屑砂岩、岩屑砂岩、岩屑石英砂岩，少量长石砂岩，极少量长石石英砂岩（图 4-7）。长石包括钾长石和斜长石。

（a）中江BA井2428.70~2428.77m岩屑长石砂岩，×100（左图单偏光，右图正交偏光）

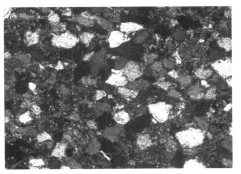

（b）高庙BAFD井2615m岩屑砂岩，×100（左图单偏光，右图正交偏光）

（c）高庙BAFD井2656m长石岩屑砂岩，×100（左图单偏光，右图正交偏光）

图4-7   川西拗陷东坡地区沙溪庙组岩心薄片资料

二、粒度分布特征

　　沉积岩的粒度受搬运介质、搬运方式及沉积环境等因素控制，反过来这些成因特点必然会在沉积岩的粒度中得到反映，这正是应用粒度资料确定沉积环境的依据。

　　碎屑岩的粒度分布特征是衡量沉积介质能量的度量尺度，是判别沉积环境及水动力条件的较好指标。应用粒度分布概率曲线图建立沉积环境的典型模式，已成为沉积环境和相分析中重要的方法和手段。针对川西陆相远源致密砂岩气藏，在岩心观察的基础上，利用主要取心井的粒度分析资料，对河道砂岩储层砂体的粒度分布特征进行了研究。结果表明，马井—什邡蓬莱镇组储层岩性以细砂岩、粉细砂岩、粉砂岩为主，发育少量中砂岩、细砾岩。粒度概率曲线显示为两段式和不明显的三段式(图4-8)，代表了以河流作用为主要沉积营力的三角洲平原亚相的分流河道沉积。三角洲平原亚相的分流河道砂体分选较差，跳跃组分较悬浮组分多，滚动组分较少，反映为河道牵引流的沉积特征，同时表明当时水动力条件较强，粒度概率曲线主要为三段式，较少的滚动组分跳跃总体与悬浮总体之间的截点为$1\sim4.2\varPhi$，悬浮组分总体含量多在20%左右，跳跃总体含量在75%以上。

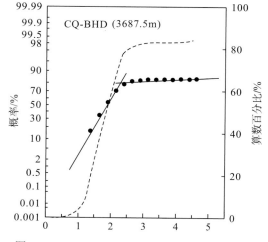

图4-8   CQ-BHD(3687.5m)粒度概率曲线特征

三、泥岩颜色

颜色是沉积岩最直观、最明显的标志,它是沉积环境的良好指示。水体较深或还原环境中形成的岩石颜色多为深色及还原色,主要表现为灰色、深灰色、灰褐色、灰黑色和黑色等;水体较浅或氧化环境中形成的岩石颜色多为浅色及氧化色,主要表现为灰白色、浅灰色、紫红色等。河流、三角洲平原处于暴露环境,其沉积物颜色主要表现为白色、褐黄色、紫红色等;三角洲前缘、前三角洲和浅湖的泥岩沉积水体较浅,一般为灰色、深灰色;而深湖亚相粉砂质泥岩、泥岩一般形成于还原环境,颜色主要为灰黑色或黑色;分流间湾处的粉砂质泥岩、泥岩一般形成于半还原环境,多为灰绿色。川西坳陷中江地区沙溪庙组泥岩颜色有灰绿色、深灰色、棕褐色、灰黑色、深棕色、紫棕色、棕,以灰色系为主,棕色系常见,岩心还原色、氧化色均有出现,表明其沉积水体较浅,以浅水三角洲平原-前缘交替相沉积为主(图4-9)。

(a)中江BA井,2108.20m,J₂s,棕红色泥岩　　(b)江沙DAC井,J₂s,灰绿色泥岩、棕褐色泥岩　　(c)江沙H井,J₂s,灰绿色泥岩

图4-9　浅水环境的氧化色岩心照片

四、沉积构造

沉积构造类型与水动力条件的强弱、沉积速度、水流作用方式直接相关。不同介质条件下,上述3种特征不相同,所形成的沉积构造截然不同。沉积构造主要分为层理构造和层面构造。川西坳陷河道相层理类型多样,主要发育水平层理、平行层理、波状层理、交错层理、变形层理、块状层理以及沙纹层理(图4-10)。

1. 层理构造

1)水平层理

水平层理特征为薄的纹层呈直线状平行排列并平行于总的层面[图4-10(a)]。一般认为这种层理在较弱的水动力条件下,由悬浮物质或溶解物质沉淀而成。

2)平行层理

平行层理主要产于砂岩中[图4-10(b)],在外貌上与水平层理相似,其特征是纹层较厚,可达几厘米,纹层之间没有清晰的界面,只能通过细微的粒度看出,但层理易剥开,在剥开面上有剥离线理构造。平行层理是在较强的水动力条件下,高流态床沙迁移,床面上连续滚动的砂粒产生粗细分离而显出的水平纹层。平行层理一般出现在急流及能量高的环境中,如河道、湖岸等,常与大型交错层理共生。

3) 波状层理

波状层理[图 4-10(c)]的纹层不平直，呈现连续或断续的波状产出。一般形成波状层理要有大量的悬浮物质沉积，当沉积速率大于流水的侵蚀速率时，可保持连续的波状细层。波状层理一般形成于浅水沉积环境。

4) 交错层理

交错层理是最常见的一种层理，也是最有价值的指向构造，可以确定古水流系统。同时它还可以提供水流因素的重要证据。交错层理是由沉积介质的流动造成的。槽状交错层理是交错层理的类型之一[图 4-10(d)]。它是一种层系底界为弧形侵蚀面，层系呈槽形，互相切割，细层也呈槽形的层理。槽对称或不对称，槽的宽度从几厘米到 30m 以上，槽状层系的厚度可从数厘米到十多米。其特点是单个层系厚度变化极快，各层系底界强烈下凹，具明显的槽状侵蚀底界。层系中的细层亦可大致平行于层系底面，也可能与之相交，槽形曲轴的倾向基本上与介质流动方向由于沙丘(垄)移动而造成的大型槽状交错层理(Harms，1975)一致。若层系形态呈舟状，则称其为舟状交错层理。槽状交错层理是由弯曲、舌状、新月形床沙形态的脊迁移形成的。大型槽状交错层理常为游荡性河流的沉积特征，常见于滨河床砂坝沉积物中，由大型舌状沙丘迁移而成；小型槽状交错层理是由舌状沙纹拖移而成的。板状交错层理是一种层系上下界面平直，呈板状，厚度稳定不变或变化不大的交错层理，各层系内的细层倾向常为同向的[图 4-10(e)]。这种交错层理由具平直脊的波痕迁移而成。有大型(层系厚度大于 10cm)、中型(层系厚度为 5~10cm)及小型(层系厚度小于 5cm)板状交错层理之分。大、中型板状交错层理常是河流凸岸坝、潮道等环境中的典型层理。

5) 块状层理

层内物质均匀，组分和结构均无分异现象，不显示细层构造的层理称为块状层理或均质层理[图 4-10(f)]。它是一类以沉积物(常是悬浮物质)快速堆积为特征，由沉积物的垂向加积作用形成的层理，在砾岩、砂岩、粉砂岩和泥岩中均可出现块状层理。常见于浊流沉积物、洪积物和冰积物中。有时生物强烈的扰动作用，把原有的层理破坏了，也可以产生块状层理，在富含生物的浅海区、潮坪、潟湖及三角洲中常见。

6) 变形层理

变形层理在沉积过程中，由于沉积物液化和滑动，沉积物原有层理发生挠曲、倒转破碎、变形，如包卷层理、枕状构造等[图 4-10(g)]。

7) 沙纹层理

沙纹层理是砂岩的外貌特征之一，是砂岩重要的原生沉积构造，是砂岩的成分、颜色、粒度等性质沿着沉积物堆积方向发生变化而形成的层状构造[图 4-10(h)]。

2. 层面构造

当岩层沿着层面分开时，在层面上可出现各种构造和铸模，有的保存在岩层顶面上，如波痕、剥离线理、干裂和雨痕等；有的在岩层底面上，特别是在下伏层为泥岩的砂岩底面上成铸模保存下来，如槽模、沟模和锥模等。

(a)GJC井，水平层理，蓬莱镇组，1145.9m

(b)SFF井，平行层理，蓬莱镇组，1435.00m

(c)GJG井，波状层理，蓬莱镇组，1653.8m

(d)SFJ井，槽状交错层理，蓬莱镇组，1010.08m

(e)MJBF井，板状交错层理，蓬莱镇组，
2001.4m

(f)中江BJHF井，块状层理，沙溪庙组，
2665.55~2665.85m

(g)MPDG井，变形层理，蓬莱镇组，1238.5m

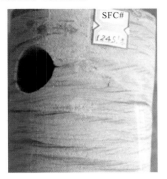

(h)SFC井，沙纹层理，蓬莱镇组，1245.1m

图4-10　川西拗陷侏罗系取心井典型沉积构造

砂体的沉积构造反映了以浅水牵引沉积作用为主的沉积环境,浪成沙纹层理的出现表明沉积作用形成于浪基面以上的水体环境。垂直和倾斜的生物潜穴的发育,也代表了一种浅水古生态环境。

五、生物特征

岩心观察描述过程中的古生物特征主要分为两类。第一类是生物遗迹构造,即生物遗迹化石,是指保存在沉积物层面上及层内的生物活动的痕迹,如保存在沉积物层面上的爬迹及停息迹,保存在层内的居住迹、钻孔迹等。最常见和应用最广泛的是虫孔,包括垂直虫孔和水平虫孔,其虫孔一般指示的是湖相环境。另外,还有生物扰动构造,一般是在浅水环境中,底栖生物对未固结沉积物的各种扰动和破坏,使沉积体变形,造成层理不规则,一般为直立或倾斜的洞穴状和漏斗状。第二类是生物遗体,如植物叶片、茎干、根及各种动物化石等。

六、测井曲线特征

在识别沉积相时,岩性、粒度、分选性、泥质含量、垂向序列、砂体的形态及分布等都是重要的成因标志。这些成因标志是各种沉积环境中水动力因素作用的结果,同时水动力条件控制着岩石物理性质的变化,如导电性,自然放射性、声波传导速度等。测井曲线正是各种物理性质沿井孔深度变化的物理响应。因此建立取心井准确的岩电关系,并推广至非取心井,可以反推出非取心井准确的储层特征。所以利用测井曲线形态可以有效地反馈上述成因标志在纵、横方向上的变化,为识别沉积相提供有价值的资料,并成为一种有效识别沉积相的途径。利用测井曲线形态进行沉积相分析称为测井相分析,亦称电相。电相的概念是法国地质学家 O'Serra 在 1979 年首先提出的,他定义电相是"确定某一部分沉积岩,并能区别周围岩体的一组测井原始的或分析数据"。测井相分析是利用各种测井响应识别储层微相。由于取心井总是少数,而测井信息却每井皆有,因此测井信息是沉积特征的间接响应。根据自然伽马或自然电位曲线的形态及地层倾角测井可以较好地识别微相,如三角洲前缘水下分流河道自然电位为中高幅钟形或箱形,河口砂坝则为漏斗形,远砂坝则为中低幅漏斗形或指形,河道间则为低幅齿形或平直曲线。此外,应用地层倾角测井能较好地识别各类沉积层理。

不同的水动力条件造就了不同环境下的沉积层序在粒度、分选、泥岩含量等方面的特征,因而具有不同的测井曲线形态。D. R. Alen 最初将自然电位曲线与视电阻率曲线组合在一起,提出了 5 种测井曲线形态的沉积环境基本类型,分别为顶部或底部渐变型、顶部或底部突变型、振荡型、互层组合型和块状组合型(图 4-11)。渐变型表明顶部或底部沉积颗粒大小的逐渐变化。这种曲线特征往往是一种沉积环境到另一种沉积环境平稳过渡的表征,如由河流沉积区逐渐过渡到洪积平原或河漫滩沉积,曲线特征常表现为顶部渐变型。突变型是一种沉积环境到另一种沉积环境的急剧变化或不同环境的不整合接触的表征,如河流深切的河道沉积底部。振荡型是水体前进或后退长期变化的反映。块状组合型是在沉积环境基本相同的情况下,沉积物快速堆积或砂体多层叠置的反映。互层组合型反映因环境频繁变化而成的砂岩、粉砂岩及页岩相间形成的序列，如河道的频繁迁移或以交织河为主的河流相沉积，常见互层组合型。这几种曲线主要受控于 3 种因素：水体深度变化、搬运能量强度及其变化和沉积物的物源方向及其供应物的变化。

　　测井曲线的形态分析可以从幅度、形态、接触关系、次级形态 4 个方面来进行（图 4-12）。曲线幅度的大小反映粒度、分选性及泥质含量等沉积特征的变化，如自然电位的异常幅度大小，自然伽马幅值高低可以反映地层中粒度中值的大小，并能反映泥质含量的高低。形态指单砂体曲线形态，有箱形、钟形、漏斗形和菱形 4 种形态，反映沉积物沉积时的能量变化或相对稳定的情况，如钟形表示沉积能量由强到弱的变化。接触关系指砂岩的顶、底界的曲线形态，反映砂岩沉积初期及末期的沉积相变化。次级形态主要包括曲线的光滑程度、包络线形态及齿中线形态，它们帮助提供沉积信息，如齿中线呈水平表明每个薄砂层粒度均匀，沉积能量均匀且周期性变化；而齿中线不水平，表明沉积物沉积不连续或分选不好。根据以上所述，测井曲线特征与沉积相之间有密切的关系。用其可先结合岩性、沉积构造、古生物等信息建立取心井的测井微相特征标准，然后推广至非取心井，对研究区目的层进行测井微相的划分。

　　通过岩心观察归纳出川西拗陷侏罗系河道砂岩气藏不同微相的测井曲线特征如下：以岩心观察划分为基础，结合测井响应特征，（水下）分流河道测井相主要为箱形和钟形两大类；河口砂坝测井相主要表现为漏斗形；远砂坝特征与河口砂坝相似，幅度小一些；席状砂主要表现为指状；滩坝的测井相也是漏斗形，幅度较远砂坝小；滩砂的测井相和席状砂类似，也表现为指状。此外，根据其主要岩性特征川西拗陷侏罗系发育中砂岩、细砂岩、粉细砂岩、粗砂岩、粉砂岩、泥质粉砂岩、粉砂质泥岩、泥岩 8 类。通过多井的精细岩电对比，优选出自然伽马、声波时差、补偿密度、深浅侧向视电阻率和补偿中子测井曲线来分析岩性，从而区分不同类型的岩石和沉积相。

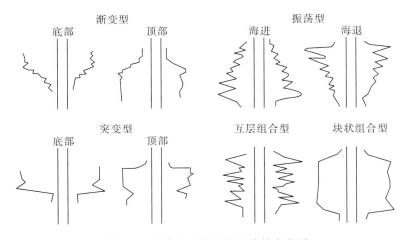

图 4-11　测井曲线的沉积环境基本类型

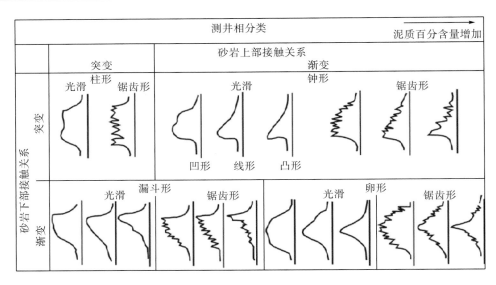

图4-12　测井曲线形态分类

七、岩石相

通过对川西拗陷侏罗系陆相远源致密砂岩气藏取心井的观察，结合其岩石的颜色、成分、结构和沉积构造，主要识别出3大类岩石相类型，即砂岩相、粉砂岩相、泥岩相；13小类岩石相类型：块状层理砂岩相（Sms）、板状交错层理砂岩相（Sc）、平行层理砂岩相（Sp）、槽状交错层理砂岩相（St）、水平层理粉砂岩相（SSh）、变形层理粉砂岩相（SSrf）、波状层理粉砂岩相（SSw）、水平层理泥质粉砂岩相（SSm）、沙纹层理粉砂岩相（Sr）、紫红色块状泥岩相（Mm1）、灰绿色块状泥岩相（Mm2）、杂色块状泥岩相（Mm3）、灰色水平层理泥岩相（Mm4）（表4-1）。

（1）块状层理砂岩相（Sms）：以灰色、灰绿色细砂岩为主，厚度较大，层内局部可见韵律变化，底部有时可见有冲刷和泥砾，多为钙质胶结；通常形成于较强水动力条件下，反映快速堆积的特点。

（2）板状交错层理砂岩相（Sc）：由灰绿色、灰白色细砂岩组成，具板状交错层理。层系厚30～70cm，纹层厚0.12～5cm，细层面由较多的炭屑组成，纹层向层系底面收敛，交错层理见于水下分流河道等沉积环境。

（3）平行层理砂岩相（Sp）：以灰色、深灰色细砂岩、粉砂岩为主，粒度介于0.1～0.25mm间。厚度一般不大，约为0.5cm。由平直或断续的平行纹理组成，纹理由炭屑组成；常形成于水浅流急的水动力条件下；主要见于强水动力条件的河口坝、分流河道沉积中。

（4）槽状交错层理砂岩相（St）：由灰、浅灰色槽状交错层理细砂岩、粉砂岩组成，层系厚0.13～25cm，层面有炭屑；层组间有冲刷面，底部有滞留沉积物，粒度较粗，有时含砾；为水下分流河道沉积。

（5）水平层理粉砂岩相（SSh）：以灰色、灰黑色粉砂岩、泥质粉砂岩为主，厚度较小，纹层呈水平状，层面含植物化石；此层理通常是在浪基面以下或低能环境的低流态中由悬浮物质沉积而成；见于前三角洲、浅湖环境中。

（6）变形层理粉砂岩相（SSrf）：为灰色、深灰色粉砂岩、泥质粉砂岩；由于脱水引起的泄水构造或由于外力触发机制引起的滑动，原生纹理变形为包卷层理及滑动变形层理，层内细层不规则挠曲；多见于三角洲前缘沉积中。

（7）波状层理粉砂岩相（SSw）：以粉砂岩为主；发育波状层理，纹层在空间上断续分布；多见于三角洲前缘河口坝或席状砂沉积环境中。

（8）水平层理泥质粉砂岩相（SSm）：以灰色、灰绿色粉砂岩、泥质粉砂岩为主，单层厚度较小，纹层呈水平状，层面含植物化石；此层理通常是在浪基面以下或低能环境的低流态中由悬浮物质沉积而成；见于前三角洲、浅湖、较深湖环境中。

（9）沙纹层理粉砂岩相（Sr）：以粉砂岩为主，多见于三角洲溢岸砂及泛滥平原沉积环境中。

（10）紫红色块状泥岩相（Mm1）：以紫红色泥岩为主，呈块状，含钙质团块、砂质条带，形成于分流间湾等低能强氧化环境。

（11）灰绿色块状泥岩相（Mm2）：为灰绿色、深灰色泥岩；厚度从十几厘米到几米不等，呈块状，常含有砂质条带；形成于分流间湾等低能弱还原环境。

（12）杂色块状泥岩相（Mm3）：为杂色泥岩，层厚达数米，发育块状层理，常含有砂质条带；常形成于分流间湾沉积环境。

（13）灰黑色水平层理泥岩相（Mm4）：为灰色、深灰色泥岩，层厚达数米，发育水平层理，常含介形虫化石；形成于半深湖、前三角洲等低能静水还原环境。

表4-1　川西拗陷侏罗系三角洲沉积体系岩石相类型

岩相类型		主要岩性	沉积构造	岩心照片	成因解释
砂岩相（S）	块状层理砂岩相（Sms）	细砂岩	块状，见韵律变化，多为钙质胶结		高流态、高浓度单向水流中的沉积物迅速沉积
	板状交错层理砂岩相（Sc）	细砂岩	板状交错层理，粒度均一		高流态单向水流作用造成水下砂丘迁移所形成
	平行层理砂岩相（Sp）	粉、细砂岩	平行层理，粒度均一		高流态，水流浅、急条件下以垂向加积为主
	槽状交错层理砂岩相（St）	粉、细砂岩	小型槽状交错层理		单向中低流态水流作用的产物
粉砂岩相（SS）	水平层理粉砂岩相（SSh）	粉砂岩	水平层理、波状层理，夹泥质条带		地形平缓条件下，低流态单向水流作用的产物
	变形层理粉砂岩相（SSrf）	粉砂岩	包卷层理、揉皱变形等		因地形或其他触发机制形成的准同生变形

岩相类型		主要岩性	沉积构造	岩心照片	成因解释
粉砂岩相 （SS）	波状层理粉砂岩相（SSw）	粉砂岩	波状层理，纹层在空间上断续分布		三角洲前缘河口坝或席状砂沉积环境
	水平层理泥质粉砂岩相（SSm）	泥质粉砂岩	波状、水平层理见生物扰动		形成于低能条件下，常见于分流间湾或席状砂环境
	沙纹层理粉砂岩相（Sr）	粉砂岩	沙纹层理		三角洲溢岸砂及泛滥平原沉积环境
泥岩相 （M）	紫红色块状泥岩相（Mm1）	泥岩	呈块状，含钙质团块、砂质条带		形成于分流间湾等低能强氧化环境
	灰绿色块状泥岩相（Mm2）	泥岩	呈块状，常含砂质条带		形成于分流间湾等低能弱还原环境
	杂色块状泥岩相（Mm3）	泥岩	呈块状，常含砂质条带		近岸或分流间湾沉积
	灰黑色水平层理泥岩相（Mm4）	泥岩	水平层理，常含介形虫化石		形成于前三角洲或分流间湾等低能静水还原环境

第三节　沉积微相类型及特征

川西拗陷侏罗系目的层主要发育 3 种沉积亚相和 12 种沉积微相。其中，3 种沉积亚相包括三角洲平原、三角洲前缘以及前三角洲；12 种沉积微相包括分流河道、决口扇、水上天然堤、溢岸砂、分流间湾、水下分流河道、水下天然堤、河口坝、远砂坝、席状砂、水下分流间湾以及前三角洲泥（表 4-2）。在本书中，水下分流河道细分为水下分流主河道、水下分支河道、河道侧积 3 类。

一、三角洲平原沉积亚相

1. 分流河道微相

岩性主要以厚层、中厚层细砂岩和泥砾细砂岩为主；发育交错层理、波状层理、平行层理，可见生物扰动构造及植物碎片，具底冲刷面；垂向序列以正韵律为主，也可见复合韵律；粒度概率曲线多为两段式。单个（辫状）分流河道砂体的电测曲线特征为中-高幅钟形或箱形，多个分流河道砂体连续叠置呈中-高幅钟形、箱形及钟形+箱形的复合形曲线形态，曲线为齿化、微齿化或光滑，齿中线水平或下倾，或下部水平上部下倾，呈顶底面突变接触或底部突变接触，顶部渐变接触(图 4-13)。

2. 决口扇微相

沉积物主要为细砂岩、粉砂岩和泥质粉砂岩，其矿物成分为石英、岩屑及长石，成熟度低，见植物碎片和炭屑，常发育小型槽状交错层理、波状层理及冲刷-充填构造，剖面上呈透镜状；自下而上发育由细变粗的反韵律；测井曲线上自然伽马曲线幅度多表现为中等至高，中部呈外凸的齿化漏斗形；表明沉积时水动力不稳定(图 4-14)。

3. 水上天然堤微相

水上天然堤垂向上位于河道的上部，岩性主要由砂质粉砂岩和砂质泥岩组成，常发育爬升沙纹层理、水平层理及波痕，自然伽马或自然电位曲线呈中低幅指形或锯齿形。

4. 溢岸砂微相

岩性以薄层灰绿色细砂岩、粉砂岩，泥质粉砂岩沉积为主，与较纯的泥岩互层，泥厚砂薄，代表了陆相河流作用强，河水挟砂量大，普遍漫溢而形成的大面积薄层砂；发育交错层理、波状层理，透镜状层理；自下而上发育复合韵律；测井曲线形态多呈中-低幅、顶底突变的指状(图 4-15)。

5. 分流间湾微相

分流间湾为分流河道之间的沉积。岩性以泥岩、粉砂质泥岩为主；颜色主要为紫红色、褐色。发育波状层理、水平层理和生物遗迹构造；测井曲线呈微齿化或光滑直线形或指形，曲线异常幅度较低(图 4-16)。

表 4-2 川西拗陷侏罗系沉积微相划分及其特征

沉积亚相	沉积微相	沉积特征描述	沉积构造	层序	电位曲线特征(自然伽马)
三角洲平原	分流河道	褐色、棕褐色块状细砂岩构成	大中型交错层理、平行层理等	正韵律或复合韵律	曲线呈钟形、箱形或漏斗形、箱形
	决口扇	褐色、灰色、灰绿色粉砂岩和泥质粉砂岩构成	中、小型交错层理、变形层理	反韵律或复合韵律	曲线呈钟形或漏斗形
	水上天然堤	由砂质粉砂岩和砂质泥岩组成	具爬升沙纹层理、水平层理及波痕	反韵律或复合韵律	低幅指形或锯齿形
	溢岸砂	中薄层的细砂岩、粉砂岩、泥质粉砂岩，分选性好	交错层理、波状层理、透镜状层理	反韵律	齿化的漏斗形
	分流间湾	粉砂质泥岩、泥岩	水平层理	复合韵律	曲线平直
三角洲前缘	水下分流河道	厚层—中厚层中细砂岩向上逐渐过渡为细砂岩与粉砂岩与下伏岩层成突变接触，底部常发育冲刷面	大型交错层理、平行层理等	正韵律或复合韵律	钟形、箱形、叠置的钟形、齿化的箱形
	河口坝	中厚层的细砂岩、薄层粉砂岩、泥质粉砂岩，分选性好	交错层理	反韵律为主	漏斗形，齿化的漏斗形

续表

沉积亚相	沉积微相	沉积特征描述	沉积构造	层序	电位曲线特征（自然伽马）
三角洲前缘	水下天然堤	砂泥薄互层岩	沙纹层理发育	反韵律或复合韵律	中低幅指形或锯齿形
	远砂坝	薄层的细砂岩、粉砂岩、粉砂质泥岩、泥质粉砂岩互层	小型交错层理、变形层理	反韵律或复合韵律	叠置的漏斗状或台阶状
	席状砂	薄层细砂岩、粉砂岩、泥质粉砂岩，分选好	砂纹交错层理	反韵律	指状、齿状
	水下分流间湾	泥质粉砂岩、泥岩	水平层理	复合韵律	较平缓，有时呈锯齿状、低平的指状
前三角洲	前三角洲泥	泥岩为主，夹薄层粉砂质泥岩、泥质粉砂岩	水平层理	复合韵律	较平缓

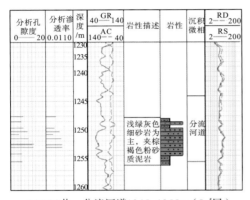
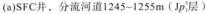
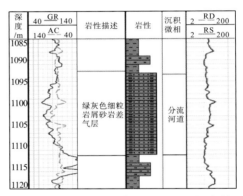

(a)SFC井，分流河道1245~1255m（Jp₅⁵层）　　　(b)SFCA井，分流河道1090~1113m（Jp₅⁶层）

图4-13　分流河道微相测井曲线特征图

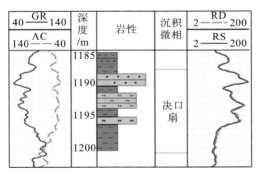
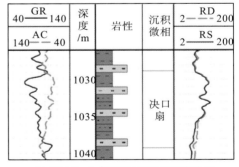

(a)DYB井，Jp₅⁶层决口扇测井响应特征　　　(b)SFG井，Jp₅²层决口扇测井响应特征

图4-14　决口扇微相测井曲线特征

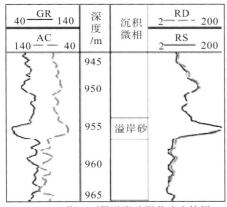
(a)DYB井，Jp_1^1层溢岸砂测井响应特征
（中-低幅 、顶底突变的指状）

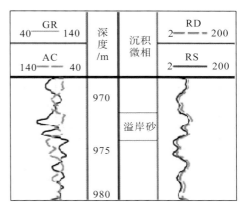
(b)GHB井，Jp_2^1层溢岸砂测井响应特征
（中-低幅、顶底突变的指状）

图 4-15　溢岸砂微相测井曲线特征图

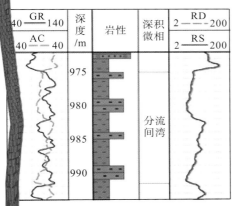
(a)SFCA井，Jp_2^1层分流间湾测井响应特征
（低幅微齿化形）

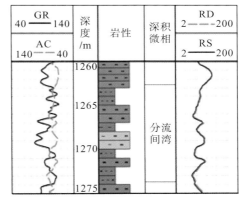
(b)SFH井，Jp_2^1层分流间湾测井响应特征
（低幅微齿化形）

图 4-16　分流间湾微相测井曲线特征

二、三角洲前缘沉积亚相

1. 水下分流河道微相

水下分流河道为陆上分流河道的水下延伸部分，在向湖的延伸过程中，河道加宽，深度减小，分汊增多，流速减缓，堆积速率增大。由浅灰、灰绿色细砂岩、粉细砂岩、粉砂岩及泥岩组成正韵律结构，砂层底部多含砾石和泥屑，有时见炭化植物碎块。泥岩以灰和灰绿色为主，是水下环境的标志。

岩性主要以中厚层细砂岩和泥砾细砂岩为主；发育交错层理、波状层理、平行层理，可见生物扰动构造及植物碎片，具冲刷面，垂向序列以正韵律为主，也可见复合韵律；粒度概率曲线多为两段式。单个(辫状)分流河道砂体的电测曲线特征为中-高幅钟形或箱形，多个分流河道砂体连续叠置呈中-高幅钟形、箱形及钟形+箱形的复合形的曲线形态，曲线为齿化、微齿化或光滑，齿中线水平或下倾，或下部水平上部下倾，顶底面突变接触或呈底部突变接触，顶部渐变接触(图 4-17)。

根据分流河道砂体的电测曲线特征和沉积厚度，分流河道又可以细分为主河道、分支河道、河道侧积。主河道砂体电性曲线以箱形为主，砂体厚度为 10m；分支河道砂体电性曲线以钟形为主、砂体厚度往往小于等于 10m；河道侧积发育于主河道之上，电性特征以钟形为主，储层物性向上变差。

2. 河口坝微相

河口坝是三角洲前缘亚相中最典型的沉积微相，位于分支河道的河口处，沉积速率高，是河流注入湖泊水体中时，由于湖水的顶托作用或地形的突然改变，河流挟带的大量载荷快速堆积而成。水下分支河道持续供应碎屑物质，因此河口坝的规模较大，成为三角洲前缘重要的砂体类型。岩性以薄层细砂岩、粉砂岩沉积为主；沉积构造主要发育近水平波纹爬升层理和小型交错层理、斜层理，冲刷面少见；垂向序列为下细上粗的反韵律；测井曲线多为中-高幅漏斗形或指形，幅度自下而上由低-中幅变为高幅，与粒度变化趋势一致，底部一般为渐变接触，顶部为渐变或突变接触。呈中-高幅漏斗状或齿化漏斗状，幅度自下而上由低-中幅变为高幅，与粒度变化趋势一致，底部一般为渐变接触，顶部为渐变或突变接触；远砂坝自然伽马曲线的幅度相对于河口砂坝要低，多为低-中幅，曲线形态多漏斗状-箱形组合(图 4-18)。

3. 远砂坝微相

远砂坝位于河口坝向前三角洲方向过渡的末端，因而有人也称之为末端砂坝，由溢出河口的细粒沉积物组成。特征与河口坝类似，自下而上发育由细变粗的反韵律，其自然伽马曲线的幅度相对于河口砂坝要低，多为低-中幅，曲线形态多漏斗状或指形(图 4-19)。

4. 水下天然堤微相

水下天然堤主要发育于分流河道边缘，垂向上位于河道的上部，岩性主要为砂泥薄互层岩，沙纹层理发育，自然伽马或自然电位曲线呈中低幅指形或锯齿形(图 4-20)。

5. 席状砂微相

席状砂微相主要发育薄层细砂岩、粉砂岩、泥质粉砂岩，砂岩分选好，可见沙纹层理，呈反韵律结构，自然伽马测井曲线呈指状、齿状。

6. 水下分流间湾微相

水下分流间湾微相主要发育泥质粉砂岩、泥岩，可见水平层理，呈复合韵律结构，自然伽马测井曲线较平缓，有时呈锯齿状、低平的指状。

三、前三角洲沉积亚相

前三角洲泥沉积微相主要为厚层泥岩夹薄层粉砂岩、泥质粉砂岩，深灰色泥岩代表了还原环境的较深水沉积；测井上高自然伽马、低视电阻率的特征代表了前三角洲泥沉积。

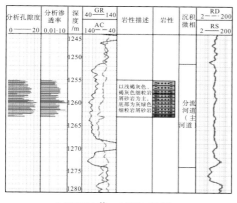 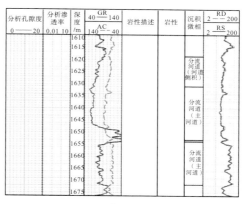

(a)SFCA井，1250~1275m　　　　(b)MPIG-B井，1615~1670m

图4-17　水下分流河道微相测井曲线特征

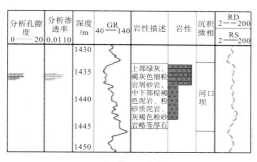 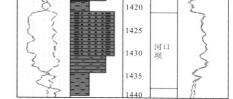

(a)SFF井，Jp_2^3砂组　　　　(b)MSD井，Jp_2^3砂组

图4-18　河口坝微相测井曲线特征

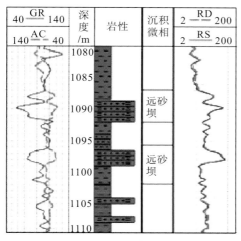 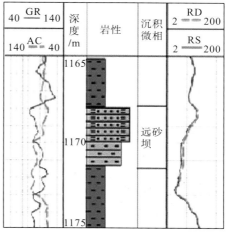

(a)SFJ井，Jp_2^5砂组　　　　(b)MJBAC井

图4-19　远砂坝微相测井曲线特征

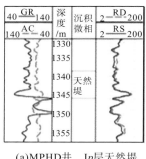
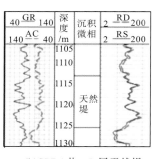
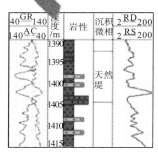

(a)MPHD井，Jp层天然堤　　　(b)SPBA井，Jp层天然堤　　　(c)SFG井，Jp层天然堤
（低幅钟形）　　　　　　　　（齿化低幅箱形）　　　　　　（齿化低幅钟形）

图 4-20　水下天然堤微相测井曲线特征

第四节　地震相分析

研究中采用点、线、面结合的方法，在单井相分析的基础上，充分利用三维地震资料横向分辨率较高的优势，采用岩心标定测井、测井标定地震，利用地震相、地震属性等多种手段相结合进行沉积微相平面展布研究。

地震相是沉积相在地震资料上的影射，它是指有一定分布范围的三维地震反射单元，其地震参数，如反射结构、几何外形、振幅、频率、连续性等，皆与相邻相单元不同。它代表产生反射的沉积物的一定岩性组合、层理和沉积特征。利用三维地震资料平面分辨率高的优势，可以较为精细地刻画川西拗陷马井—什邡地区蓬莱镇组分流河道砂体在平面上的分布。

一、剖面地震相特征

通过对川西拗陷马井—什邡地区蓬莱镇组地层地震反射影像研究，结合单井相分析，在蓬莱镇组中识别出两种主要沉积相的地震标志，分别为分流河道和分流间湾沉积。分流河道在地震剖面上表现为低频强振幅、强波峰、中-强波谷反射，短轴低频强波峰-中强波谷中短轴状反射特征(图 4-21)，顺河道走向为相对连续、较强的地震反射轴。分流间湾在本区多呈现弱-中振幅(图 4-22)，反映在一个沉积区域内相对稳定、沉积水动力能量中等-

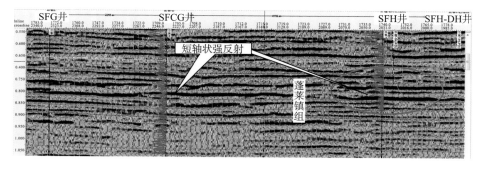

图 4-21　马井—什邡地区河道地震相特征(横切河道方向)

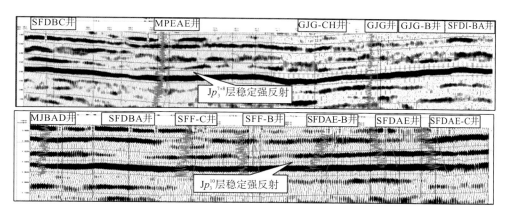

图 4-22　马井—什邡—广金河道地震相特征（顺河道方向）

低的沉积相组合，主要为低能沉积环境的泥岩、砂泥岩薄互层相。钻井资料均证实为分流间湾低能沉积。

二、平面地震相分析

　　地震相是具有一定分布面积的，其地震波场特征与相邻区域不同的三维地震反射单元，它是由某种沉积环境所形成的一定的沉积物的岩性组合及沉积特征在地震剖面上的综合反映。通过研究什邡地区钻井及地震响应特征揭示了在常规地震属性中河道砂体主要具有条带状的强振幅的地震响应特征。

　　在像素体分频研究中，选用本区具有代表性的频率调谐振幅来描述其储层的空间变化，研究中颜色的强弱对应着调谐振幅的高低，通过混合颜色的变化来描述储层空间变化细节。图 4-23 中的浅白色对应河道砂体，颜色变深表示砂体厚度变薄，背景色黑色为泥质，刻画出来的储层厚薄横向变化关系尤其是河道叠置情况，比常规地震属性表现更为清楚。

(a)Jp_3^{7+8}层　　　　　　　　　　　　　　　　(b)Jp_3^{10}层

图 4-23　川西拗陷马井—什邡地区蓬莱镇组典型地震相特征

三维地震相分析是一种利用自组织映射（self-organizing map，SOM）神经网络技术对地震道波形进行自动分类的技术。利用地震相图可以分辨出河道、砂坝等几何形状复杂的含气砂体。

第五节 沉积微相展布特征

一、沉积微相识别特征

利用岩心、录井、薄片分析、测井等资料，在岩石相和测井相分析总结的基础上，结合区域沉积背景，对川西拗陷马井—什邡地区侏罗系蓬莱镇组二段和蓬莱镇组三段各井进行了单井相分析。以 SFC 井为例说明沉积微相识别过程。SFC 井在蓬莱镇组二段沉积时期主要位于三角洲相沉积中，依据多种资料分析将其划分为三角洲前缘和前三角洲两种沉积亚相（图 4-24）。蓬莱镇组二段地层 90% 以上为三角洲前缘沉积，主要发育水下分流河道微相、水下天然堤微相、远砂坝微相、水下分流间湾微相。其中，水下分流河道微相的岩性

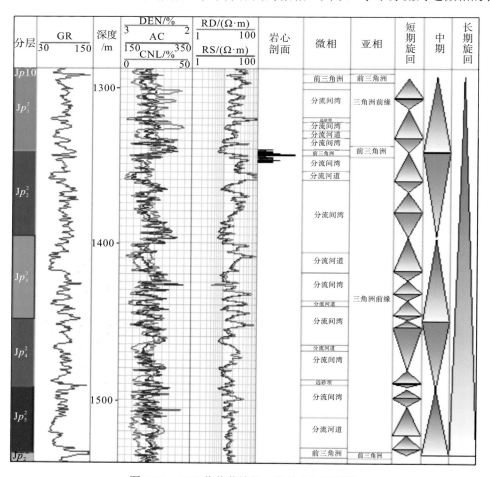

图 4-24 SFC 井蓬莱镇组二段单井沉积相图

主要为灰色、灰白色细粒岩屑砂岩。在常规测井曲线上表现为低自然伽马、测井曲线形态呈箱形及钟形。水下分流间湾微相的岩性为褐色泥岩、灰绿色泥岩夹泥质粉砂岩，局部夹砂岩。在常规测井曲线上表现为低自然伽马、高视电阻率的特征；由于岩性较致密，储层不发育。水下天然堤微相位于水下分流河道的上部，岩性以粉细粒岩屑砂岩夹粉砂质泥岩呈韵律互层，测井曲线呈微齿化中低幅。远砂坝微相主要位于前三角洲上部以及水下分流间湾微相的内部，测井曲线呈低-中幅，曲线形态多为低频背景上的小漏斗形或指形。前三角洲亚相主要位于蓬莱镇组二段的顶部，厚层泥岩夹薄层粉砂岩，深灰色泥岩代表了还原环境的较深水沉积；测井上，具有高自然伽马、低视电阻率的特征，代表了前三角洲泥沉积。

二、沉积微相横向展布特征

以川西拗陷侏罗系蓬莱镇组主力产层（Jp_2^3、Jp_2^5砂组）为例，在单井沉积相研究的基础上，通过编制沉积相连井剖面图，分析不同层段在垂向上和横向上沉积微相的发育特征。

1. Jp_2^3 层

最北部河道（MPHF 井—CXGCC 井—CXGAF 井）：河道的 Jp_2^{3-1} 砂体主要分布在 MPHF 井—SFCH 井，沉积微相为水下分流主河道以及河道侧积体；XPBAD 井—CXGCC 井发育分流河道以及河道侧积体，SFCB 井发育水下分流河道和河口坝，XPBBC 井砂体较为发育，上部发育水下分流河道，下部发育水下分流主河道，CXGAF 井下部砂体发育，沉积微相为水下分流主河道及水下分流河道，沉积微相在井之间变化较大，砂体连续性较差（图 4-25）。

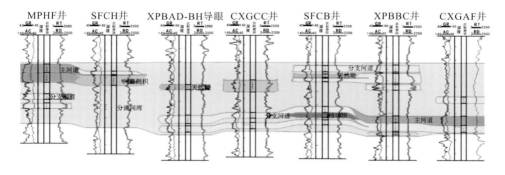

图 4-25　Jp_2^3 层最北部河道（MPHF 井—CXGCC 井—CXGAF 井）沉积微相连井剖面图

北部河道（MPHF 井—XPBAF 井—SFBJ 井）：河道的 Jp_2^{3-1} 层砂体主要分布在 MPHF 井—SFBJ 井，沉积微相为水下分流主河道，SFBJ 井以北，沉积相由水下分流主河道变成了水下分流间湾。Jp_2^{3-2} 砂体由西向东沉积微相变化快，SFBAC-B 井为水下分流河道，XPBAF 井为水下分流主河道，在 SFBJ 井相变为水下天然堤与水下分流主河道沉积，至 SFJ 井水下分流主河道变薄。Jp_2^{3-3} 砂体不连续，只在 SFJ 井和 MPHF 井有水下分流主河道分布，在 XPBAF 井沉积微相为远砂坝和水下分流河道(图 4-26)。

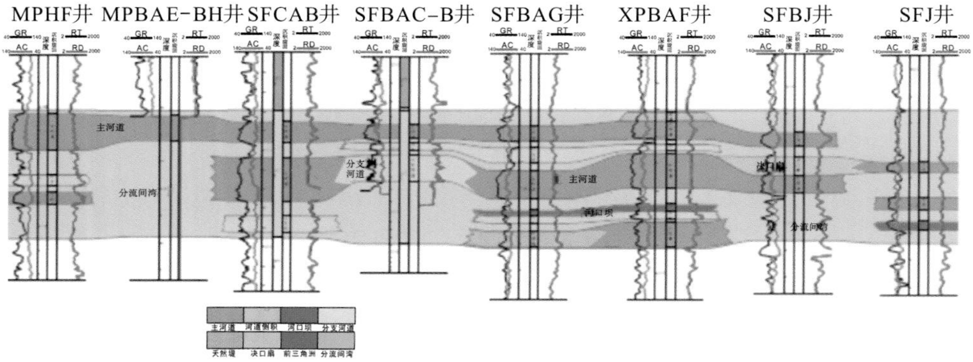

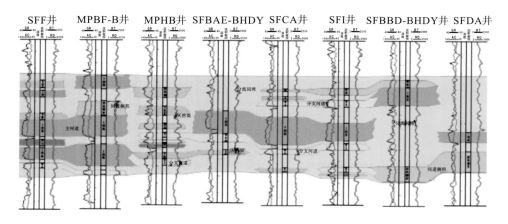

图 4-26　Jp_2^3 层北部河道(MPHF 井—XPBAF 井—SFBJ 井)沉积微相连井剖面图

中北部河道(SFF 井—SFBAE-BHDY 井—SFDA 井)：Jp_2^{3-1} 砂体由西向东连续性差，沉积微相变化快，主河道只在 MPIG-BH 井、SFBBD-BHDY 井发育，其余井发育水下分流河道及水下分流间湾。Jp_2^{3-2} 砂体连续性相对较好，SFF 井—SFBBD-BHDY 井水下分流主河道发育，只在 MPHB 井变为水下天然堤和河道侧积沉积微相。Jp_2^{3-3} 沉积微相变化快，SFF 井—MPIG-BH 井为水下分流主河道，在 MPHI 井—SFI 井相变为水下天然堤、水下分流河道及水下分流间湾沉积微相，SFBBD-BHDY 井—SFDA 井相变为河道侧积沉积微相(图 4-27)。

中部河道(SFCC 井—SFBAB 井—SFCF 井)：Jp_2^{3-1} 砂体只在 SFBAB-BH 井、SFCG 井、SFBBE-BH 井发育，连续性差。Jp_2^{3-2} 砂体连续性相对较好，SFCC 井—SFBAJ-BH 井为水下分流主河道沉积，向东至 SFBG 井、SFBAB-BH 井、SFCG 井相变为河道侧积与水下分流主河道沉积，SFBBE-BH 井—SFCF 井区沉积微相又变为水下分流主河道沉积。Jp_2^{3-3} 砂体只在 SFBG 井、SFBAB 井区发育，沉积微相为水下分流河道及远砂坝沉积(图 4-28)。

图 4-27　Jp_2^3 层中北部河道(SFF 井—MPHB 井—SFCA 井—SFDA 井)沉积微相剖面图

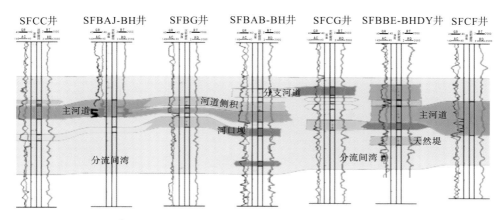

图 4-28　Jp_2^3 层中部河道（SFCC 井—SFBAB 井—SFCF 井）沉积微相剖面图

南部河道（MJCD 井—SFBH 井—SFH 井）：整体上南部河道发育程度较差，Jp_2^{3-1}、Jp_2^{3-3}砂体不发育，Jp_2^{3-2} 砂体相对连续，但横向上沉积相变快，MJCC 井为水下分流河道，向东至 SFBH 井相变为水下分流主河道，到 SFBA 井又变为水下分流河道，至 SFH 井相变为水下分流主河道沉积（图 4-29）。

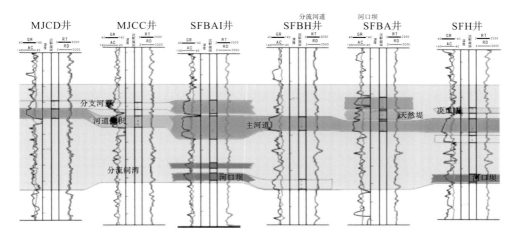

图 4-29　Jp_2^3 层南部河道（MJCD 井—SFBH 井—SFH 井）沉积微相剖面图

2. Jp_2^5 层

北部河道（SFC 井—SFCA 井—SFDH 井）：纵向上 3 个砂体都比较发育，Jp_2^{5-1} 砂体主要发育在 SFCA 井—SFBJ 井区，沉积微相为水下分流主河道，向东至 SFJ 井区则相变为水下天然堤，向西至 SFC 井区则相变为河道侧积与水下天然堤沉积。Jp_2^{5-2} 砂体在 SFC 井区、SFCA 井区、SFJ 井区相对发育，但横向上连续性差，沉积微相变化快，从 SFC 井的水下分流主河道，到 SFG 井相变为水下分流河道，至 SFCA 井为水下分流主河道沉积，至 SFBJ 井区相变为水下分流间湾，到 SFJ 井又为水下分流主河道沉积。Jp_2^{5-3} 砂体沉积主要为水下分流河道沉积（图 4-30）。

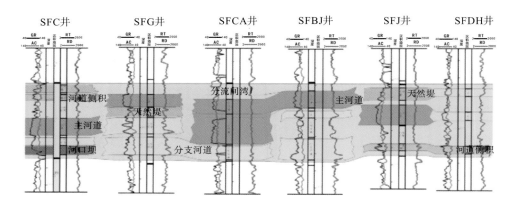

图 4-30　Jp_2^5 北部河道(SFC 井—SFCA 井—SFDH 井)沉积微相剖面图

三、沉积微相平面展布特征

通过沉积构造、剖面结构以及测井沉积相标志对单井进行沉积相划分，在对典型井沉积相进行研究的基础上，以砂体的沉积厚度为主要参数，结合地震振幅属性，外推至整个研究区，综合确定各小层的微相展布，编制研究区目的层的沉积微相平面分布图，认清川西拗陷侏罗系沉积相带平面分布特征。其中，以 Jp_2^3 砂组为例，该层微相类型主要有水下分流主河道和水下分流间湾、水下分流河道等类型，部分地区发育河道侧积等微相。北部河道流经 CXGAF 井后在 XPBBC 井附近分叉，水下分流主河道从 XPBAF 井向西南方向延伸，经 MPHF 井后，从西南方向流入马井；沿 SFCB 井—CXGCC 井—XPBAD-BH 井条带发育水下分流河道，该水下分流河道在 MPHF 井区附近与水下分流主河道汇合，而后沿北东—南西方向流经 MPIH 井区之后进入马井地区。什邡南部主河道从 SFDI 井区，往南延伸至 SFBD 井—SFBI 井区附近，分汊为 4 条河道。沿北东—南西方向流至新都地区，河道呈树枝状、细条状，在广金地区分汊、汇合，交错发育。什邡地区中部、中南部由于河道交错纵横，水道来回摆动，相变较快。

Jp_2^{3-1} 小层：主要发育水下分流主河道，部分地区发育水下分流河道、河道侧积以及河口坝等微相。水下分流主河道从北东方向流入研究区，在 SFCJ 井附近分汊为 2 条河道，一条沿 CXFCB 井—DY1 井方向展布，于 SF2 井附近发生分汊，一支沿南西向流入马井，另一支继续往南延伸；另一条水下分流主河道沿南西方向延伸至什邡南部。水下分流河道分布于研究区北部，从 XCCI 井经 XPBBC 井后在 XPBAF 井以北汇入水下分流主河道。部分地区发育河道侧积：XPBAD-BH 井—MPHF 井以东—MPHD 井区、SFDJ 井区、SFFC 井区、SFG 井区、SFDD 井区。SFFD 井区发育河口坝。

Jp_2^{3-2} 小层：该层主要发育水下分流主河道、水下分流河道、河道侧积、河口坝等微相。北东方向有 2 条主河道流入研究区，在 SFI 井附近汇合，而后在 SFCF 井附近发生分汊，一条沿正南方向进入广金地区，另一条河道沿 NE—SW 方向进入马井地区。水下分流河道从西北部流入 CXGCC 井后发生分汊，一条往 MPHF 井方向延伸，另一条水下分流河道在 SFCAB 井—MPHI 井区汇入水下分流主河道。水下分流主河道边部发育河道侧积，SFFA 井区、MJCC 井区发育河口坝。

Jp_2^{3-3} 小层：该层主要发育水下分流主河道。研究区北东方向有 1 条主河道向南西方向横穿研究区，该河道沿 SFDB 井—SFBJ 井—SFBAG 井—DYB 井—SFF 井后拐为正南向流入马井南部，河道呈条带状展布。XPBAB 井—XPBAD-BH 井发育分流河道。河口坝微相发育于 SFBJ 井区。

第六节　沉积微相对储层的影响

沉积环境和沉积相是控制储集体的形成与分布、影响储层储集性能的宏观因素。沉积环境和沉积相带的不同，造成储集岩类型不同，而不同类型的储集体在岩石的矿物成分、粒度及填隙物方面存在差异，这些差异又直接影响到砂岩储层物性的好坏，导致不同相带储层的储集性能变化很大。通常沉积相、粒度主要影响原生孔隙的大小，长石含量、岩屑类型和含量影响次生孔隙。因此，沉积环境是控制储层物性宏观分布及变化的首要因素。

川西马井—什邡地区蓬莱镇组主要发育三角洲前缘亚相，沉积微相包括水下分流河道、河口坝、分流间湾等。统计研究区 250 个沉积微相表明，水下分流主河道沉积厚度最大（平均值为 11.5m）；河道侧积沉积厚度平均值为 6.1m；水下分流河道沉积厚度平均值为 5.45m；其余微相沉积厚度平均值小于 5m（表 4-3）。

根据该区近 40 口井 15280 个实测孔渗数据统计可以看出，水下分流主河道和水下分流河道砂体物性最好，其次是河口坝、远砂坝，而水下天然堤和分流间湾的物性最差（表 4-4）。

根据统计作图，可以看出川西拗陷马井—什邡地区侏罗系蓬莱镇组储层物性受沉积微相影响强烈（图 4-31）。其中，水下分流主河道以 I 类为主，孔隙度大于 12%，渗透率大于 $0.5 \times 10^{-3} \mu m^2$；而水下分支河道兼有 I、II 类，II 类的孔隙度为 10%~12%，渗透率为 $(0.25 \sim 0.5) \times 10^{-3} \mu m^2$；河口坝则以 III 类为主，孔隙度为 7%~10%，渗透率为 $(0.15 \sim 0.3) \times 10^{-3} \mu m^2$。说明发育水下分流主河道的砂岩储层是目前优质储层。

此外，从孔渗相关关系看（图 4-31），水下分流主河道相关性最好，相关系数为 0.67；水下分流河道可能受泥质条带的影响，相关性比水下分流主河道差，相关系数为 0.64；河口坝相关性差，相关系数为 0.26，可能受泥质条带的强烈影响，引起了高孔低渗现象。

表 4-3　川西拗陷什邡地区侏罗系蓬莱镇组不同沉积微相的厚度统计表

沉积微相	平均值/m	最小值/m	最大值/m
水下分流主河道	11.5	4.7	22.8
河道侧积	6.1	1.45	12
水下分流河道	5.45	1.55	12.6
河口坝	4.66	3	6.8
远砂坝	4.1	3.7	5.6
水下天然堤	3.9	1.4	5.3

表 4-4　川西拗陷什邡地区侏罗系蓬莱镇组不同沉积微相的物性统计表

沉积微相	孔隙度/%			渗透率/$10^{-3}\mu m^2$		
	最小值	最大值	平均值	最小值	最大值	平均值
水下分流主河道	2.86	19.33	11.66	0.009	13.756	1.001
水下分流河道	1.41	15.22	10.13	0.015	5.537	0.732
河口坝	1.36	14.72	8.37	0.011	5.057	0.424
远砂坝	4.92	9.08	7.51	0.074	1.19	0.399
水下分流间湾	1.15	11.38	4.18	0.006	2.209	0.139
水下天然堤	3.36	9.18	6.52	0.049	0.997	0.256

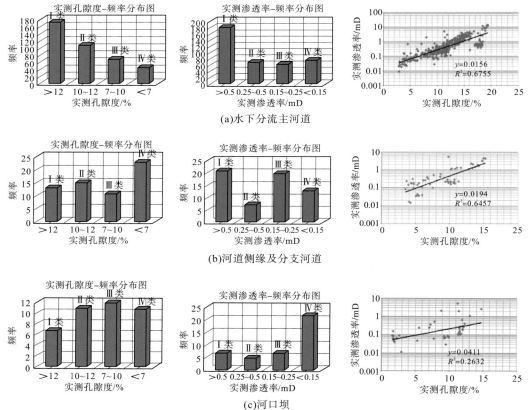

图 4-31　不同沉积微相的储层物性特征

第七节　沉积微相与产能及流体分布的关系研究

沉积微相对砂体和含气砂体的空间展布起到控制作用,沉积微相差异直接影响其物性的好坏,故沉积微相对产能的分布起到明显的控制作用。

通过川西拗陷马井—什邡—广金地区 Jp_2^3、Jp_2^5 气藏测试层段的微相分析，明确了较好产能的砂体微相主要为三角洲前缘水下分流主河道、水下分流河道。

不同沉积微相的井测试产量统计分析结果表明，位于水下分流主河道的井测试产量相对较高，测试直井共 48 口，测试产量为 $(0.01\sim13.8)\times10^4m^3/d$，平均为 $1.43\times10^4m^3/d$，大于 $1\times10^4m^3/d$ 的井共计 22 口，占总井数的 45.8%；测试水平井共 30 口，测试产量为 $(0.01\sim6.44)\times10^4m^3/d$，平均为 $1.6\times10^4m^3/d$，大于 $2\times10^4m^3/d$ 的井共计 10 口，占总井数的 33.3%。位于水下分流河道的井测试产量较低，其中直井测试共 8 口，测试产量为 $(0.02\sim1.6)\times10^4m^3/d$，平均为 $0.43\times10^4m^3/d$，大多数井产量小于 $0.5\times10^4m^3/d$，水平井测试 3 口井，仅 1 口井获 $0.7\times10^4m^3/d$ 产量，其余 2 口井产微量气。此外，位于河道侧积部位测试 1 口井，MPHI 井测试产量为 $0.03\times10^4m^3/d$（表 4-5）。结合上述微相中各井的测试结果分析，可以总结什邡 Jp^2 气藏能获得较好产能的砂体主要为水下分流主河道沉积；水下分流河道大多数产能低，不足 $0.5\times10^4m^3/d$；河道侧积砂岩产能低。

其原因主要如下：含气砂体作为决定产能大小的物质基础，其分布规模取决于沉积环境，在有利微相的中心部位，因砂体厚度大，物性更好一些，更有利于油气富集。而在微相的边部或微相过渡带，因岩性相对变细，杂基和泥质含量更高，储集体砂岩不纯，物性变得更差，赋存天然气能力降低，故气井产能较低。另外，在河道下游延伸部位，因岩性变细，厚度变薄，物性条件变差，往往成为低产能区。因此，川西拗陷马井—什邡地区 Jp^2 气藏获工业气流的井多存在于河道的主体部位，未获工业气流的井在平面上呈斑块状或条带状分布于河道砂体边缘或砂体相变处。

表 4-5　川西拗陷马井—什邡地区 Jp^2 气藏不同沉积微相直井测试产量表（部分井）

井号	测试井段/m	层位	测试结果气/(10^4m^3/d)	水/(m^3/d)	沉积微相
MPHD	1534～1537、1592～1596	Jp_2^3、Jp_2^4			主河道
MPHE	1620.01～1623.01	Jp_2^3	0.33	3.8	分流河道
MPHF	1410～1415	Jp_2^3	1.78		主河道
MPHI	1365.07～1370.07、1541.04～1545.04	Jp_2^3、Jp_3^3	0.03		河道侧积
SFF-C	1580～1583、1597～1603	Jp_2^3	0.47	3.03	主河道
SFH	1355～1360、1450～1458	Jp_2^3、Jp_2^5	1.58		主河道
CXGAF	995.06～1000.06	Jp_2^3	7.06		主河道
CXGAF-B	1200.96～1203.96	Jp_2^3	2.63		主河道
CXGAF-C	1268～1271	Jp_2^3			主河道
CXGCC	1092.01～1102.01	Jp_2^3	0.06		分流河道
XPBAB	921.97～926.97、943～947	Jp_2^3	0.03		分流河道
XPBAF	1160.95～1166.95	Jp_2^3	2.41		主河道
XPBBC	1236～1240	Jp_2^3	0.11		主河道
SFCAB	1510～1516	Jp_2^3	1.04		主河道
SFFA-B	1635～1638、1798～1804	Jp_2^3、Jp_2^5	0.62		主河道

续表

井号	测试井段/m	层位	气/(10^4m³/d)	水/(m³/d)	沉积微相
SFBAG	1198～1201、1290～1293	Jp_2^3、Jp_2^5	0.07		主河道
SFI	1565～1572	Jp_2^3	2.23		主河道
SFBI	1316～1318	Jp_2^3	0.02		主河道
SFBH	1445～1450、1410～1417	Jp_2^3	1.56		主河道
SFBJ	1243～1252、1178～1189	Jp_2^5、Jp_2^3	0.06		主河道
SFCA	1255～1268	Jp_2^3	13.85		主河道
SFCC	1382～1387、1437～1443	Jp_2^{2+3}	0.15		主河道
MJBF	1494～1499、1535～1540	Jp_2^3、Jp_2^4	0.18	3.57	主河道
MJCB	1428～1433	Jp_2^3	0.16		主河道
MJCC	1438～1443、1526～1531	$Jp23+5$	1.63		分流河道
MJCA	1526.5～1530.5	Jp_2^3	0.13		分流河道
MJCG	1689～1694、1760～1765	Jp_2^3、Jp_2^4	0.33		主河道
MPHE	1734～1740	Jp_2^5			主河道
SFC	1515～1520、1526～1529	Jp_2^5	0.10	0.51	主河道
SFD	1520～1536	Jp_2^5	1.92	3.00	主河道
SFBA-C	1477～1480、1771～1777	Jp_1^6、Jp_2^5	1.10		主河道
SFBA-D	1474～1477、1485～1488、1760～1763、1793～1796	Jp_1^6、Jp_2^4、Jp_2^5	0.86		主河道
SFD-CH		Jp_2^5	1.96		主河道
SFD-CH	1767～2788	Jp_2^5	1.35		主河道
SFDI-D	1110～1113	Jp_2^5	0.55		主河道
SFJ	1046～1050.5、1065～1076	Jp_2^4、Jp_2^5	0.09		主河道
SFCA	1323～1347	Jp_2^5	0.95		主河道
SFCC	1772～1777、1548～1553	Jp_3^7、Jp_2^5	0.99	6.00	分流河道
SFCF	1225～1230、1372～1378	Jp_2^2 Jp_2^5	0.14		主河道
SFCG	1455～1461	Jp_2^5	0.23		主河道
SFDA	1151～1156	Jp_2^5	0.04		主河道
SFDH	797～800、841～844	Jp_2^4、Jp_2^5	0.03		分流河道

参 考 文 献

安红艳，2011. 川西拗陷中段侏罗系沙溪庙组和遂宁组物源分析及油气地质意义[D]. 成都：成都理工大学.

卜淘，2018. 川西拗陷东坡地区侏罗系沙溪庙组三角洲河道砂体构型[J]. 断块油气田，25(5)：564-567，578.

蔡李梅，付菊，阎丽妮，2017. 川西拗陷侏罗系沙溪庙组致密砂岩储层特征及主控因素分析[J]. 华南地质与矿产，33(4)：383-393.

陈迎宾，王彦青，胡烨，2015. 川西拗陷中段侏罗系气藏特征与富集主控因素[J]. 石油实验地质，37(5)：561-565，574.

陈洪德，徐胜林，2010. 川西地区晚侏罗世蓬莱镇期构造隆升的沉积响应[J]. 成都理工大学学报(自然科学版)，37(4)：353-358.

邓红，2013. 成都凹陷侏罗系天然气成藏条件研究[D]. 成都：成都理工大学.

邓莉，刘君龙，钱玉贵，等，2019. 川西地区龙门山前带侏罗系物源与沉积体系演化[J]. 石油与天然气地质，40(2)：380-391.

付菊，操延辉，叶素娟，等，2019. 次生致密砂岩气藏甜点综合评价——以四川盆地侏罗系气藏为例[J]. 天然气工业(S1)：23-29.

古俊林，2004. 川西拗陷南部侏罗系高分辨率层序地层学研究[D]. 成都：成都理工大学.

胡晓强，陈洪德，纪相田，等，2005. 川西前陆盆地侏罗系三角洲沉积体系与沉积模式[J]. 石油实验地质，27(3)：226-231，237.

江蓉蓉，李涛，严焕榕，等，2018. 川西地区侏罗系致密砂岩储层孔喉特征对渗流能力的影响[J]. 天然气勘探与开发，41(2)：63-69.

黎华继，严焕榕，詹泽东，等，2019. 川西拗陷侏罗系致密砂岩气藏储层精细评价[J]. 天然气工业(S1)：129-135.

李夏，2014. 川西拗陷侏罗系沉积相研究[D]. 荆州：长江大学.

李延飞，2015. 川西拗陷中段地层水地球化学特征及油气保存条件[D]. 成都：成都理工大学.

李跃纲，2013. 川西南部地区上三叠统天然气勘探技术研究[D]. 成都：西南石油大学.

刘华，刘大成，李书舜，2002. 川西拗陷侏罗系红层天然气成因类型与上三叠统油气同源性探讨[J]. 天然气勘探与开发，25(3)：28-34.

刘君龙，杨克明，纪友亮，等，2015. 川西拗陷上侏罗统浅水漫湖沉积特征与砂体叠置模式[J]. 古地理学报，17(4)：503-516.

刘四兵，2007. 川西拗陷中段上三叠统古流体势研究[D]. 成都：成都理工大学.

南红丽，蔡李梅，阎丽妮，等，2018. 川西梓潼凹陷侏罗系沙溪庙组致密储层特征及影响因素分析[J]. 石油地质与工程，32(2)：14-18.

彭玲，2010. 川西前陆盆地侏罗系沉积体系及层序地层研究[D]. 成都：成都理工大学.

钱利军，2013. 川西北地区中、下侏罗统物质分布规律与沉积充填过程[D]. 成都：成都理工大学.

钱利军，张成弓，陈洪德，等，2013. 川西中段地区砂岩碎屑组分变化记录的沉积转型事件[J]. 中国地质，40(2)：517-528.

唐大海，陈洪斌，谢继容，等，2005. 四川盆地西部侏罗系沙溪庙组气藏成藏条件[J]. 天然气勘探与开发，28(3)：14-19，4.

王大洋，王峻，2010. 川西前陆盆地侏罗系沉积体系及沉积模式研究[J]. 地质学刊，34(2)：123-129.

王峻，2007. 四川盆地上三叠统—侏罗系沉积体系及层序地层学研究[D]. 成都：成都理工大学.

王丽英，王琳，张渝鸿，等，2014. 川西地区侏罗系沙溪庙组储层特征[J]. 天然气勘探与开发，37(1)：1-4，9，95.

王鹏，2015. 川西拗陷中段上三叠统—侏罗系天然气成藏地球化学研究[D]. 成都：成都理工大学.

王勇，2004. 川西南部地区沙溪庙组勘探目标评选研究[D]. 成都：西南石油学院.

闻竹，2018. 致密砂岩孔隙结构对导电特性影响研究[D]. 成都：西南石油大学.

武恒志，叶泰然，赵迪，等，2015. 川西拗陷陆相致密气藏河道砂岩储层精细刻画技术及其应用[J]. 石油与天然气地质，36(2)：230-239.

徐胜林，2010. 晚三叠世-侏罗纪川西前陆盆地盆山耦合过程中的沉积充填特征[D]. 成都：成都理工大学.

杨帅，2014. 四川盆地侏罗系沉积演化与相控储层预测[D]. 成都：成都理工大学.

叶素娟，李嵘，杨克明，等，2015. 川西拗陷叠覆型致密砂岩气区储层特征及定量预测评价[J]. 石油学报，36(12)：1484-1494.

叶素娟，朱宏权，李嵘，等，2017. 天然气运移有机-无机地球化学示踪指标——以四川盆地川西拗陷侏罗系气藏为例[J]. 石油勘探与开发，44(4)：549-560.

余世花，2016. 四川盆地西部晚三叠世须家河组物源分析及其构造意义[D]. 广州：中国科学院大学(中国科学院广州地球化学研究所).

曾小英，2002. 川西拗陷中段侏罗系上沙溪庙组（J$_2$s）砂岩的成岩作用与油气聚集[C]∥CNPC油气储层重点实验室，中国地质学会沉积地质专业委员会. 2002低渗透油气储层研讨会论文摘要集. 北京：CNPC油气储层重点实验室，中国地质学会沉积地质专业委员会，中国地质学会.

张慧娟，2011. 川西拗陷侏罗系沙溪庙组碎屑岩储层成岩作用研究[D]. 成都：成都理工大学.

张闻林，2007. 川西地区侏罗系隐蔽性气藏成藏机制及其勘探目标研究[D]. 成都：成都理工大学.

张庄，2016. 川西拗陷侏罗系天然气成藏富集规律研究[D]. 成都：成都理工大学.

邹瑜，2011. 川西三叠系上统须家河组五段页岩有机地球化学特征及意义[D]. 武汉：中国地质大学.

Harms J C，1975. Depositional environments as interpreted sedimentary structures and stratification sequences[J]. Society of Economic Paleontologists and Mineralogists，Short Course 2：161.

第五章　河道砂体定性和定量预测

第一节　砂体展布特征

一、纵向分布特征

1. 砂组分布特征

Jp_1 气藏纵向上分为 6 套砂体，各层位砂体叠置，单层薄、横向变化快。其中，$Jp_1{}^3$、$Jp_1{}^5$ 和 $Jp_1{}^6$ 砂体相对较厚，主要目的层位 $Jp_1{}^3$ 砂体厚度由东北向西南明显逐渐减少，而 $Jp_1{}^5$ 砂体由东北向西南逐渐发育，$Jp_1{}^6$ 砂体在东北和 SFFC 井区，以及西南方 SFBA 井区砂体较为发育，在 SFG 井砂体不发育。Jp_2 气藏纵向上分为 5 套砂岩，各层位砂体叠置，单层薄、横向变化快。其中，$Jp_2{}^2$、$Jp_2{}^3$ 和 $Jp_2{}^5$ 砂体相对较厚，主要目的层位 $Jp_2{}^3$ 砂体由东北向西南明显逐渐减少，而 $Jp_2{}^5$ 砂体由东北向西南逐渐发育。此外，$Jp_2{}^3$ 砂体较 $Jp_2{}^5$ 砂体厚，反映了该时期河道下切、水动力有所增强的沉积特征。Jp_3 气藏纵向上分为 10 套砂岩，砂体厚度薄、横向变化快。其中，$Jp_3{}^{7+8}$、$Jp_3{}^9$ 和 $Jp_3{}^{10}$ 砂体相对发育，主要目的层位 $Jp_3{}^{7+8}$ 砂体由东北向西南明显逐渐减少，$Jp_3{}^9$ 和 $Jp_3{}^{10}$ 砂体厚度较薄，只有少部分井砂体厚度达到 10m 以上。

2. 主力层单砂体特征

蓬莱镇组各砂组纵向上可分为 2～3 个单砂体，除 $Jp_2{}^3$、$Jp_2{}^5$ 砂组的 3 个单砂体都有含气显示外，其余大部分砂组的含气砂体比较单一。

$Jp_2{}^3$ 砂组纵向可细分为 3 套砂体（$Jp_2{}^{3-1}$、$Jp_2{}^{3-2}$、$Jp_2{}^{3-3}$），其中 $Jp_2{}^{3-1}$、$Jp_2{}^{3-2}$ 砂体相对发育，$Jp_2{}^{3-2}$ 是主力含气砂体，单层厚度为 5～15m；$Jp_2{}^5$ 砂组纵向可细分为 3 套砂体（$Jp_2{}^{5-1}$、$Jp_2{}^{5-2}$、$Jp_2{}^{5-3}$），研究区东北（SFJ 井区）主要发育 $Jp_2{}^{5-1}$ 砂体，中部至南部（SFC 井区），下部砂体相对发育，$Jp_2{}^{5-2}$ 是主力含气砂体。

二、平面分布特征

在水下分流河道砂体展布范围内，通过波阻抗反演主要砂组的时间厚度和平均速度，得到主要砂体的埋藏深度、厚度，通过对井点砂体厚度数据进行校正，可以得到砂体厚度数据，并编制主要砂组的砂体厚度变化图（图 5-1）。

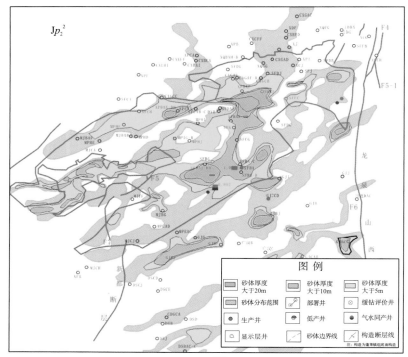

(a) Jp_2^2层

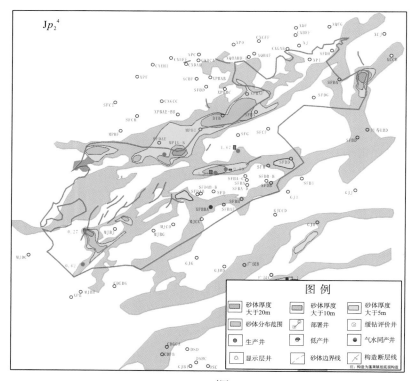

(b) Jp_2^4层

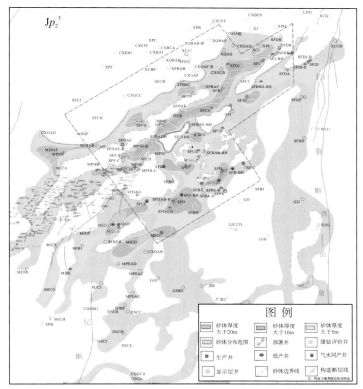

(c) Jp_2^5层

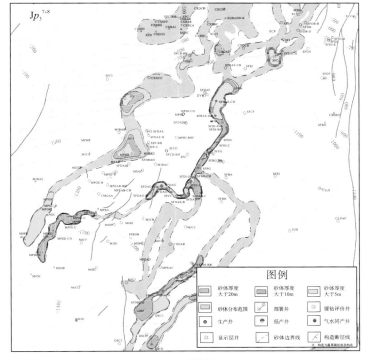

(d) Jp_3^{7+8}层

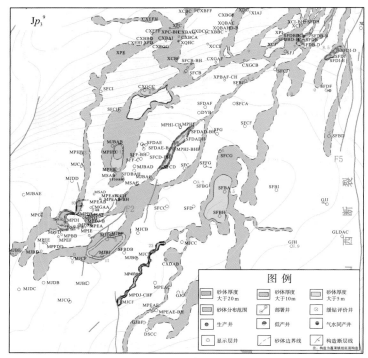

(e) Jp₃⁹层

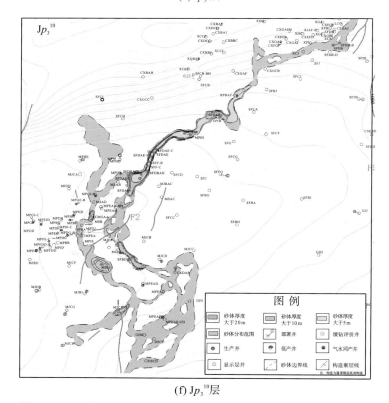

(f) Jp₃¹⁰层

图 5-1   川西拗陷侏罗系蓬莱镇组二、三段各砂组砂体厚度展布特征

(1) Jp_2^2 层：在马井—什邡地区发育 3 条主河道，在广金地区发育 2 条河道。什邡的最北部河道从 SFDJ 井至 MPHE 井区，河道砂体发育，目前主河道钻遇井的砂体厚度为 10～15m；北部河道是在 SFCA 井区从最北部河道分汊而来，沿着西南方向流入马井的西南部，河道宽 1.6～3.8km，河道在马井区域砂体稳定，钻遇井砂体厚度为 10～15m，而且多口井获得工业产能；什邡南部河道是北部河道在 SFCG 井处的分支，沿着西南方向流经 SFBA 井至马井的西南部，河道在什邡南部比较宽，为 6km，砂体也较厚，为 10～20m。广金地区的北部河道砂体厚度小于 10m；南部河道发育于广金的东南方，沿着西南方向流至广金的西南部，河道在 GJF 井区、GJBC 井区砂体发育，厚度达到 15～20m，河道的其他地方井控相对较少。

(2) Jp_2^3 层：砂组发育 3 套砂体。Jp_2^{3-1} 小层：河道从北东方向流入研究区，经 SFDB 井—SFJ 井，在 SFCJ 井附近分汊为 2 条河道，一条沿 CXGCB 井—SFBAG 井—德阳 B 井方向展布，河道砂体较为发育，主河道钻遇砂体厚度为 6～15m，该河道在 SFDADH 井附近拐为正南向，于 SFC 井附近发生分汊，一支沿南西向流入马井，另一支继续往南延伸，砂体变薄，仅在 SFBAI 井区钻遇 10m 厚以上砂体；另一条沿南西方向经 SFFC 井、SFCF 井、SFBAB-BH 井流至什邡南部，砂体厚度为 5～10m，SFBA 井区钻遇砂体厚度达 10m 以上，SFBAD-BH 井砂体最厚达 20m。

Jp_2^{3-2} 小层：北东方向有 2 条河道带流入研究区，在 SFI 井附近汇合，流至 SFCF 井附近分汊出一支河道沿正南方向流入广金地区，钻井揭示砂体厚度为 5～10m；主河道沿北东—南西方向流至 MPHI 井附近分汊为 2 条分流河道，北部分汊河道经 MPHF 井后流入马井北部地区，砂体厚度较小，南部分汊河道沿北东—南西方向延伸至马井主体部位，砂体厚度较大，为 5～15m，在 SFF 井区、德阳 1 井—SFCA 井区砂体厚度最大，为 15～20m。

Jp_2^{3-3} 小层：工区北东方向有 1 条河道向南西方向流经并横穿工区，该河道沿 SFDB 井—SFBJ 井—SFBAG 井—德阳 B 井—SFF 井后拐为正南向流入马井南部，河道呈条带状展布，砂体厚度相对较小，为 5～8m。

(3) Jp_2^4 层：在马井—什邡地区发育 2 条主河道，在广金地区发育 2 条河道。北部河道 XPBAF 井—SFE 井区砂体发育，砂体厚度为 10～15m；南部河道河道宽为 1～2km，砂体厚度较薄，只在 SFBG 井区，砂体厚度达到 16m。广金的北部河道砂体厚度小于 10m；南部河道内钻遇井较少，只有广汉 C 井的砂体厚度超过 10m。

(4) Jp_2^{5-1} 小层：研究区东部有 2 条河道分别从 SFDB 井、SFBBD-BH 井两处沿南西方向延伸至 SFI 井附近汇合，之后呈近南向流经 SFG 井、SFBA 井往广金方向延伸，河道砂体厚度较大，砂体厚度为 5～10m，其中 SFJ 井区、SFBA～SFH 井区附近砂体厚度最大，约为 20m。

Jp_2^{5-2} 小层：该河道经 SFDJ 井、SFCA 井后在 SFBAE-BH 井附近分汊为 2 条河道，北部分支河道沿南西方向流入马井地区，砂体厚度较薄，约为 5m；南部主河道沿近南方向流入马井南—广金地区，河道呈细条带状、树枝状展布，砂体厚度为 5～10m，其中钻井揭示 SFCA 井区、SFD 井砂体厚度最大，约为 15m。

Jp_2^{5-3} 小层：研究区北东—南西方向有 2 条河道流经并横穿研究区，北部河道沿 CXGCB 井—德阳 B 井—MPIH 井呈条带状展布，XPBAF 井、MPHI 井 2 个井区砂体厚度相对较大，约为 10m；南部河道沿 SFDA 井—SFCF 井—SFFG 井—SFDAB 井往南西方向延伸，砂体厚度总体较薄，只在 SFG 井、SFBBD-BH 井、SFDA 井钻遇 10m 左右砂体。

（5）Jp$_3$$^{7+8}$ 层：自研究区北东方向有 3 条河道向南西方向流经并横穿研究区；北部河道宽度为 400~800m，呈条带状分布于 MPHB 井—马井 BE 井区，砂体厚度为 7~15m；中部河道沿着 SFG 井—SFBG 井—SFCC 井呈细条带分布，砂体厚度大，平均为 10m，分布稳定，但宽度较窄（300~600m）。南部河道主要分布于什邡南—广金地区，河道宽度为 800~2700m，砂体厚度为 7m。

（6）Jp$_3$^{9} 层：自研究区北东方向有 4 条河道向南西方向流经并横穿研究区；北部河道从 SFCB 井向西南方向流至 MPHB 井，河道宽度为 300~4700m，在 MPHB 井砂体厚度最大，为 15m；中部河道沿着 SFJ 井—SFBJ 井—SFCD 井横穿马井什邡气田，延伸到马井气田，河道宽度为 300~800m，砂体在 SFCD 井厚度最大，为 22m，是含气性相对较好的河道；中南部河道从 SFCJ 井至 SFBA 井，一直延伸到广金地区，砂体在 SFBA 井、SFBH 井区较厚，最厚为 10m。

（7）Jp$_3$^{10} 层：自研究区北东方向有 3 条河道向南西方向流经并横穿研究区；北部河道呈细条带从 CXGCB 井向西南方向流经 SFF 井，并流至马井气田，河道宽度为 270~1400m，砂体在 SFF 井厚度最大，为 20m，该河道在 Jp$_3$^{10} 层含气性较好；中部河道从 SFCG 井流经 SFBA 井，向南流向广金西北方向，河道跨度相对较大，砂体最厚小于 10m。

第二节　砂体结构刻画

一、单砂体识别标志

以等时地层格架为前提，在沉积时间单元划分的基础上，在复合砂体内部开展单砂体刻画工作，总结单砂体识别的垂向和平面标志，拟合单砂体宽厚比定量预测参数，结合单期河道砂体的空间接触关系，完成单砂体的刻画工作。分流河道砂体往往是由众多的单期河道砂体复合而成，复合河道砂体划分的关键是确定平面上单期河道的边界标志。通过对该区的深入分析，共总结了单砂体识别的 2 个垂向标志和 5 个平面标志。

1. 垂向标志

1）泥质沉积间断面

多期河道沉积砂岩中泥质夹层代表了一期河道沉积结束到下期河道沉积开始之间短暂的细粒物质沉积。这种泥质夹层是识别两期河流沉积的重要标志，但在横向上不稳定：一是侧向上水动力、地形、流量可能发生变化，使得河流上部泥质层的分布本身不稳定；二是早期形成的泥质层可能被晚期的河流冲刷掉而未被保存下来[图 5-2(a)]。

2）钙质沉积间断面

钙质层形成于局限、浅水、蒸发环境中，尤其是复合砂岩中部含钙，代表了一期河道发育后，原河床水体不流畅，长期处于浅水蒸发环境，形成钙质层。当后期洪水到来时，除已有河床充满水外，原废弃河床再次复活，形成新的浅河道，带来砂质沉积覆盖在钙质层上。因此，砂岩中部钙质层也是鉴别两期河道沉积的重要标志[图 5-2(b)]。

2. 平面标志

1）河间沉积

侧向叠加的河道之间总要出现分汊，留下河间沉积物的踪迹，沿河道纵向上不连续分布的河间砂体是不同河道分界的标志。

2）高程差异

受河流改道或废弃时间差异的影响，不同期次的分流河道的满岸沉积的砂体顶面位置的高度有所差异，可以作为分界标志。

3）厚度差异

不同河道分流能力受到多种因素的影响，造成沉积砂体在厚度上的差异，这种较大的差异就是不同河道单元的指示。

4）侧向叠加

晚期沉积的河道砂体会对早期沉积砂体进行切割，从而导致两期河道的侧向叠加。可以作为两期单河道边界的标志。

5）厚-薄-厚

两期河道侧向叠加会出现河道砂体由厚变薄再变厚的情况，一般指示另一期河道的开始，而不是前一期河道的延续。

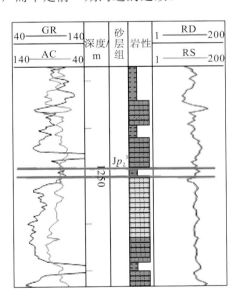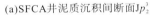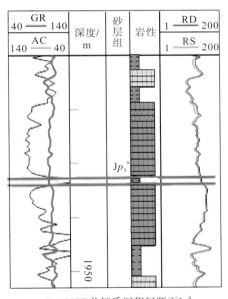

(a)SFCA井泥质沉积间断面Jp_2^3　　　　　　　(b)MJCD井钙质沉积间断面Jp_3^9

图 5-2　川西拗陷什邡—德阳—广金地区蓬莱镇组单砂体垂向识别标志

二、单砂体尺度的确定

对古代三角洲砂体露头的观察和现代三角洲的研究结果表明，水下分流河道的宽度和深度存在一定的定量关系，因此根据露头资料、现代沉积及研究区密井网资料建立单砂体宽度与厚度之间的定量预测模式，初步预测单河道的规模，同时指导稀疏井区单砂体的刻画工作。

根据密井网统计数据，进行单砂体宽厚比拟合，建立各单砂体宽厚比定量关系。由单井统计参数进行分层统计可得单砂体厚度与单砂体宽度的统计公式(图 5-3、图 5-4)。据拟合公式，在已知单砂体厚度的情况下，结合沉积微相展布图，可以推算出砂体的宽度，用以指导稀井网区砂体边界位置的确定。当井网密度较高时，应用连井剖面确定单砂体参数；当井网密度较稀时，应用统计公式估算单砂体参数。对研究区进行精细解剖，统计全区 106 井层。A 类长度为 1.30～3.70km；宽度为 0.90～2.12km；厚度为 9.0～29.0m。B 类长度为 0.45～1.60km；宽度为 0.45～1.05km；厚度为 5.0～11.2m。C 类分布较少，不具代表性。D 类长度为 1.30～3.20km；宽度为 0.90～2.10km；厚度为 6.0～36.0m(表 5-1)。A 类占 33%，B 类占 42%，合计占 75%。A、B 类分布较多的砂层也是主力产层(图 5-5)。

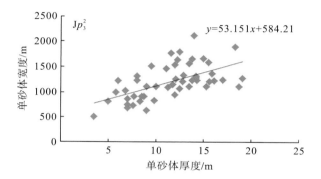

图 5-3 Jp_2^3 气层单砂体宽厚比关系图

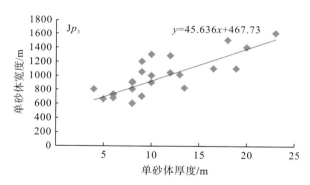

图 5-4 Jp_3 气层单砂体宽厚比关系图

表 5-1   不同单砂体类型基本参数统计表

分类	宽度/km			厚度/m			长度/km			主要发育层位
	最小	最大	平均	最小	最大	平均	最小	最大	平均	
A	0.90	2.12	1.36	9.0	29.0	14.0	1.30	3.70	2.25	Jp_2^{3-2}、Jp_2^{3-1}、Jp_2^{5-1}
B	0.45	1.05	0.72	5.0	11.2	8.5	0.45	1.60	0.95	各小层均有
C			2.10			14.0			2.20	Jp_2^{3-2}
D	0.90	2.10	1.30	6.0	36.0	14.0	1.30	3.20	2.18	Jp_2^{3-2}、Jp_2^{5-1}、Jp_2^{5-2}

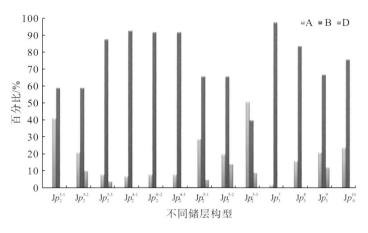

图 5-5　不同单砂体类型纵向分布比例图

三、砂体叠置模式

从研究区域单井及连井剖面来看，川西侏罗系单砂体叠置模式主要有 4 种：单河道厚砂体型（A 型）、单河道薄砂体型（B 型）、局部发育侧向叠置型（C 型）和垂向叠置型（D 型）。

（1）单河道厚砂体 A 型。此类单砂体纵向上分布厚度大，一般为 10～15m，平面上位于分流河道主体部位，顺河道方向连通性好（图 5-6）。

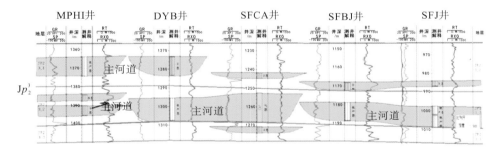

图 5-6　A 型单砂体叠置模式图

（2）单河道薄砂体 B 型。此类单砂体纵向上分布较 A 型薄，一般为 5～10m，平面上位于分流河道主体部位，顺河道方向连通性较好（图 5-7）。

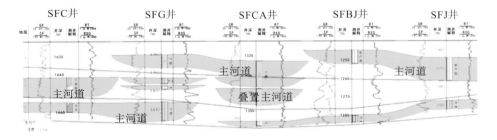

图 5-7　B 型单砂体叠置模式图

（3）侧向叠置砂体 C 型。此类单砂体纵向上分布一般为 5～20m，平面上位于复合河道叠置部位，叠置区域厚度大、连通性好。厚度变化小，宽度增加近一倍（图5-8）。

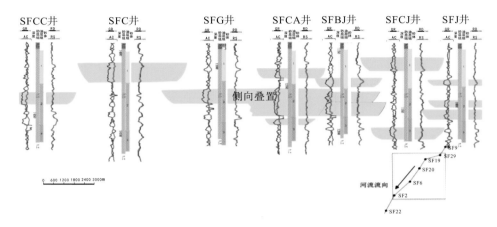

图 5-8　C 型单砂体叠置模式图

（4）垂向叠置砂体 D 型。此类单砂体纵向上分布一般为 10～25m，平面上位于复合河道叠置部位，叠置区域厚度大、连通性好。叠置河道宽度变化不大，厚度几乎增加一倍（图5-9）。

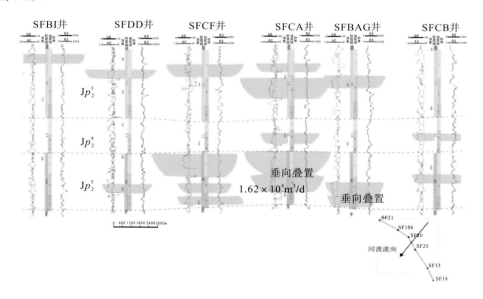

图 5-9　D 型单砂体叠置模式

Jp_2^3、Jp_2^5 层均可划分成上、中、下 3 个小层，且砂体均主要分布于中、上小层。主河道砂体是主力产层段，多为孤立（垂直河道剖面）砂体，河道下切作用小，砂体侧向、垂向叠置程度低。主力砂体相对孤立，个别有侧向叠置，局部存在垂向叠置。统计研究区 106 口单井资料，归纳出主力气层砂体叠置模式分为 4 类：A 型河道单砂体（厚度大于

10m)，主要分布在 Jp_2^{3-1}、Jp_2^{3-2}、Jp_3^8 气层；B 型河道单砂体(厚度为 5～10m)，全区广泛分布；C 型侧向叠置砂体较少，仅在 Jp_2^{3-2} 气层 2 口井中钻遇；D 型垂向叠置砂体，主要分布在 Jp_2^{3-1}、Jp_2^{3-2}、Jp_2^{5-1} 气层。

第三节　基于砂体结构的储层建模技术

机理模型平面上采用 50m×50m 的网格，建立过程主要考虑以下因素。

(1)砂体构型及物性分布非均质性。根据研究区砂体构型特征的研究结果，建立了有代表性的 6 类砂体构型数值模拟模型，其中一元结构模型有 3 种(A 类、B 类、D 类)，二元结构模型有 3 种(A 类、B 类、D 类)，尺度和物性根据实际砂体统计得到，根据第三章不同方向渗透率的实验结果，X 方向渗透率取值为 Y 方向的 2 倍(表 5-2 和图 5-10)。

(2)网格局部加密模拟压裂缝。本书模型采用网格局部加密，设置导流能力相同的方式模拟压裂缝的渗流能力，裂缝导流能力按实际井试井分析导流能力给定。水平方向(X 方向)加密后为不等距网格，分别为 12m、12m、1m、12m、12m、1m，其中 1m 的网格可作为压裂裂缝模拟网格。垂直方向(Y 方向)把原网格进行 3 等分，如图 5-11 所示；加密后网格形式如图 5-12 所示；水平井压裂裂缝模拟效果如图 5-13 所示。

(3)考虑水平段摩阻效应。气体在水平段中流动时产生的摩阻效应用 ECLIPSE 数值模拟器中的 WFRICTNL 关键词加以考虑。

(4)砂岩基质与裂缝相对渗透率。研究区砂岩基质气水不同井的相对渗透率曲线采用实际测试曲线的平均值(图 5-14)表示，压裂裂缝气水相对渗透率曲线由于没有实测值，取45°直线(图 5-15)。

(5)砂岩基质与裂缝渗透率应力敏感。根据砂岩基质及填陶粒裂缝的渗透率应力敏感效应，分别考虑砂岩基质及压裂裂缝渗透率随地层压力的变化关系(图 5-16 和图 5-17)。

表 5-2　机理模型分类及物性参数表

单砂体类型	构型分类	平面长度/m	平面宽度/m	纵向厚度/m	孔隙度(POR)(小数)	X 方向渗透率(PERMX)(MD)	Y 方向渗透率(PERMY)(MD)	含水饱和度(S_W)/%
A	A1：一元结构模型	1900	1200	9.5	0.12	0.54	0.27	52
	A2：二元结构模型	1800	1100	上层 6.5	0.15	1.14	0.57	40
				下层 5.5	0.12	0.60	0.30	52
B	B1：一元结构模型	960	720	7.5	0.10	0.52	0.26	53
	B2：二元结构模型	905	666	上层 7	0.13	0.84	0.42	40
				下层 2.5	0.11	0.40	0.20	52
D	D1：一元结构模型	2060	1400	10	0.12	0.60	0.30	49
	D2：二元结构模型	1675	1450	上层 2.5	0.11	0.40	0.20	52
				下层 8.5	0.15	0.96	0.48	40

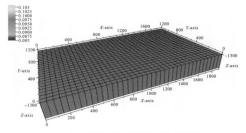

(a)A类一元结构型砂体几何模型

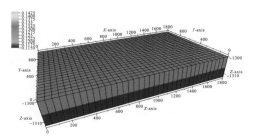

(b)A类二元结构型砂体几何模型

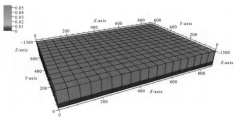

(c)B类一元结构型砂体几何模型

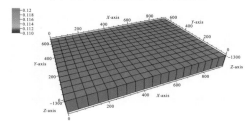

(d)B类二元结构型砂体几何模型

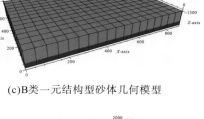

(e)D类一元结构型砂体几何模型

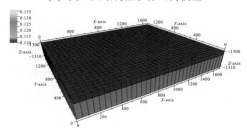

(f)D类二元结构型砂体几何模型

图 5-10   不同砂体结构的几何模型图

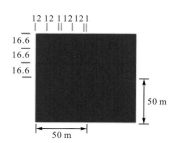

图 5-11   模型网格加密方式

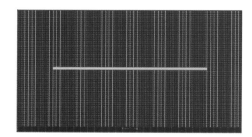

图 5-12   加密后网格示意图

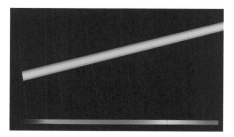

图 5-13   模型压裂裂缝模拟示意图

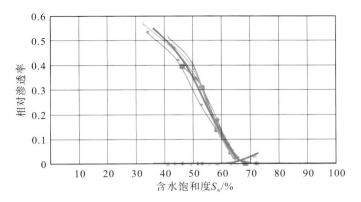

图 5-14　砂岩基质不同井的相对渗透率曲线

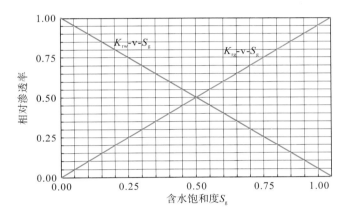

图 5-15　裂缝相对渗透率曲线

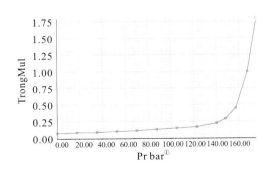

图 5-16　砂岩基质渗透率应力敏感效应

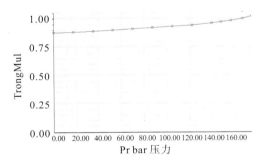

图 5-17　压裂裂缝渗透率应力敏感效应

① 1 bar=0.1MPa。

第四节 河道类型精细划分及特征

一、河道类型精细划分

川西拗陷中江气田侏罗系沙溪庙组气藏储层类型复杂，含气性差异大，即使同一储层类型不同河道间气井的开发动态差异性也较大。为进一步明确不同河道间气井开发动态差异性，以储层品质为主评价因子，结合河道宽度、储层厚度以及动态指标对中江气田沙溪庙组气藏的河道类型开展细分，综合划分为宽厚低渗型、薄窄致密型、高含水致密型三大类型六类典型河道，见表5-3。

表5-3 川西拗陷中江气田侏罗系沙溪庙组气藏主力河道类型划分标准表

河道类型		宽厚低渗型		薄窄致密型		高含水致密型	
		Ⅰ-A 类	Ⅰ-B 类	Ⅱ-A 类	Ⅱ-B 类	Ⅲ-A 类	Ⅲ-B 类
储层类型		Ⅰ	Ⅰ	Ⅱ	Ⅰ	Ⅱ、Ⅲ	Ⅱ、Ⅲ
河道宽度/m	范围	450～1000	300～600	250～530	220～300	—	—
	平均	600	400	360	240	—	—
有效厚度/m	范围	20～35	17～26	11～34	8.0～19.6	9.3～19.5	—
	平均	26.5	20.2	23.5	12.8	14	—
有效渗透率/mD[①]	范围	0.20～1.25	0.10～1.01	0.02～0.31	0.07～0.65	0.03～0.10	<0.1
	平均	0.52	0.41	0.15	0.36	0.07	—
动态储量/($10^8 m^3$)		1.21	0.52	0.40	0.23	0.15	
稳产时间/月		21	17	13	9	2	
月有效递减率/%		2.7	6.1	7.4	12.8	8.7	
单位压降产气量/($10^4 m^3$/MPa)		260	143	78	55	28	
典型河道		①JSDD-GH 河道 ②ZJBJH 河道 ③GMDC 河道 ④GMDD-HH 河道	①JSBACHF 河道 ②JSBAEHF 河道 ③ZJBGH 河道 ④JSBADHF 河道	①GMDD 河道 ②GSDAH 河道 ③JSDD-BHF 河道	①JSBAFHF 河道	①JSH 河道 ②JSCB-FHF 河道	①GMBAB 河道 ②GSDAD 河道 ②GSDAE 河道

①mD=$10^{-3} \mu m^2$。

二、不同类型河道开发动态特征

1. Ⅰ-A 类河道

Ⅰ-A 类河道具有河道宽、有效储层厚、物性好、低含水，气井产能高、动态控制储量大、稳产期长、累产高的特征，直井和水平井均具有较好的开发效果。目前已建产的河道中Ⅰ-A 类河道主要包括中江 Js_3^{3-2} 气层江沙 DAB 井河道、中江 Js_3^{3-3} 气层中江 BJH 井—江沙 DD-DHF 井之间河道、高庙 Js_3^{3-1} 气层高庙 DD-HHF 井河道及高庙 Js_3^{3-2} 气层高沙 DAB-EHF 井—高庙 DC-B 井之间河道（图5-18～图5-21）。

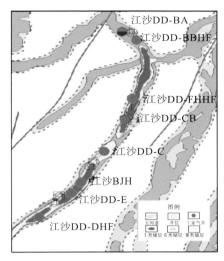

图 5-18　中江 $Js_3^{3\text{-}2}$ 气层井位分布图

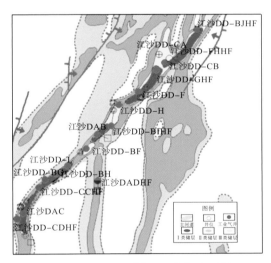

图 5-19　中江 $Js_3^{3\text{-}3}$ 气层井位分布图

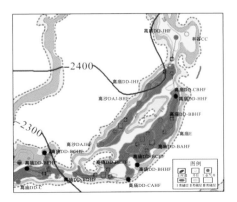

图 5-20　高庙 $Js_3^{3\text{-}1}$ 气层井位分布图

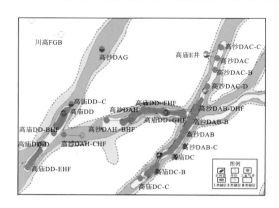

图 5-21　高庙 Js_3^{3-2} 气层井位分布图

　　从沉积特征来看，Ⅰ-A 类河道以三角洲平原-前缘分流河道沉积为主，主河道砂体发育、连通性好，河道延伸远，地震上具有强振幅的特征。结合储层综合评价，该类河道以Ⅰ类储层为主，河道有效砂体宽度为 320～110m，平均为 560m；有效厚度分布在 17.75～35.92m，平均厚度为 24.90m，具有河道宽、砂体厚度大的特点。从沉积环境来看，该类河道沉积水体能量高，主体夹层较少，边部夹层较发育。河道砂体测井自然伽马曲线多呈较平滑的箱形特征，部分箱形曲线锯齿化较重，测井响应具有"三低两高"特征，即测井响应具有低自然伽马、低密度、低中子、高声波时差、高视电阻率、声波时差负异常的特征。储层岩石以中细粒砂岩为主，溶蚀孔发育、物性好，孔隙度主要分布在 8%～13%，平均为 10%；经过改造后储层有效渗透率为 0.15～1.25mD，平均为 0.45mD；河道含气性较高(大于 55%)，开发潜力大。

　　该类河道中气井生产上表现为测试产量高、动态控制储量大、弹性产率高、基本不产水等特征。典型井的生产动态特征曲线如图 5-22 和图 5-23 所示。从产能及动态控制储量来看，直井无阻流量为 (4.70～40.58)×10⁴m³/d，平均为 13.59×10⁴m³/d，水平井无阻流量为

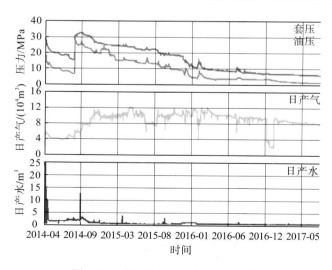

图 5-22　高沙 DAB-EHF 井采气曲线

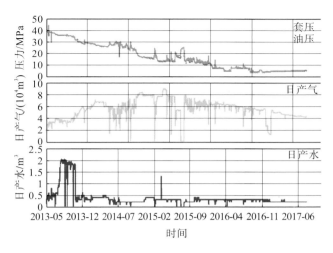

图 5-23 高沙 DAB 井采气曲线

$(11.82 \sim 29.52) \times 10^4 m^3/d$，平均为 $21.62 \times 10^4 m^3/d$；直井动态控制储量为 $(0.36 \sim 1.49) \times 10^8 m^3$，平均为 $0.71 \times 10^8 m^3$，水平井动态控制储量为 $(0.42 \sim 1.82) \times 10^8 m^3$，平均为 $1.21 \times 10^8 m^3$。气井均具有一定的稳产期及较高的累产量，稳产期为 $18 \sim 32$ 个月，平均稳产 2 年，直井、水平井稳产期内平均累计产量分别可达 $0.33 \times 10^8 m^3$ 和 $0.49 \times 10^8 m^3$。此外，水平井拟弹性产率在 $(82 \sim 302) \times 10^4 m^3/MPa$，平均为 $260 \times 10^4 m^3/MPa$；直井拟弹性产率在 $(98 \sim 250) \times 10^4 m^3/MPa$，平均为 $152 \times 10^4 m^3/MPa$，弹性产率均较高。由于河道含气饱和度高、气井产水量均较小，直井、水平井平均水气比分别为 $0.07 m^3/10^4 m^3$、$0.10 m^3/10^4 m^3$，对生产影响小。

2. I-B 类河道

与 I-A 类河道相比，I-B 类河道稍窄，但物性、含气性比 I-A 类略差，水平井单井产能较高，动态控制储量要低于 I-A 类河道中的水平井，累产量较高，整体上具有较好的开发效果。

I-B 类河道主要有中江 Js_1^1 气层江沙 BACHF 井、江沙 BADHF 井、中江 BGH 井所在河道，以及中江 Js_1^2 气层江沙 BAEHF 井河道、Js_2^4 气层江沙 D-BH 井河道（图 5-24、图 5-25）。从地质特征来看，I-B 类河道也是以水下分流河道沉积为主，平面上呈低弯度、窄条带状特征，纵向上多期次河道叠加，主河道发育稳定，河道中有效砂体宽度为 $280 \sim 600m$，平均为 $370m$；河道中储层有效厚度多为 $13.41 \sim 25.79m$，平均为 $18.50m$。河道砂体沉积水动力强，具平行层理、交错层理，夹层不甚发育，地震上具有强振幅的特征，自然伽马曲线呈微齿箱形、钟形显示。储层以中细砂岩为主，溶蚀作用明显，物性较好，孔隙度主要为 $7.50\% \sim 11.13\%$，平均为 8.98%；单井控制范围内储层的有效渗透率为 $0.05 \sim 1.01mD$，平均为 $0.42mD$。储层含水饱和度为 $44.40\% \sim 49.50\%$，平均含水饱和度为 46.21%，含水饱和度较低，对生产影响不大。

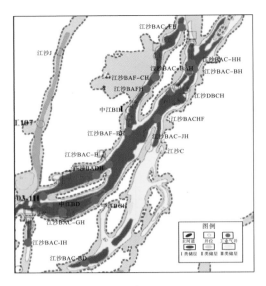

图 5-24　中江 Js_1^1 气层井位分布图

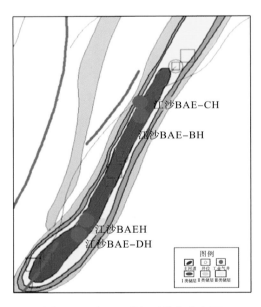

图 5-25　中江 Js_1^2 气层井位分布图

目前主要采用水平井开发，典型水平井的生产曲线如图 5-26 和图 5-27 所示。Ⅰ-B 类河道中水平井的产能及初期日产均较高，平均无阻流量为 12.41×10⁴m³/d，初期日产气 7.19×10⁴m³；动态控制储量为(0.29～0.69)×10⁸m³，平均为 0.52×10⁸m³，并且水平井具有一定的稳产能力，稳产期可达 7～22 个月，平均为 17 个月，稳产期内平均累计产量为 0.26×10⁸m³。从弹性产率来看，单位井口压降下水平井产量为(87.56～197.70)×10⁴m³，平均拟弹性产率在 143.43×10⁴m³/MPa 左右。由于储层含水饱和度较低，该类河道中产水量较小，平均水气比仅为 0.31m³/10⁴m³，对水平井的生产影响较小。

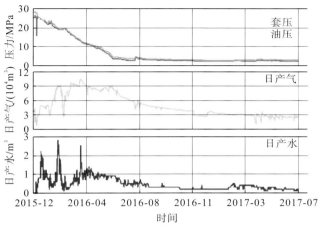

图 5-26　江沙 BAE-DHF 井采气曲线

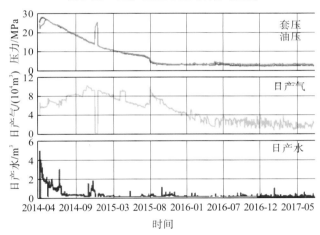

图 5-27　江沙 BADHF 井采气曲线

3. II-A 类河道

II-A 类河道砂体以水下分流河道为主、发育多期次河道沉积，河道弯度低、砂体分布稳定，河道砂体较宽且厚度较大，有效砂体宽度为 240～510m，平均为 360m；有效储层厚度为 10.98～34.04m，平均为 21.87m。但该类河道沉积水体环境动荡，间歇性水流形成丰富泥质夹层，自然伽马曲线通常表现为齿状箱形特征。水动力能量较弱，造成沉积物颗粒较细，泥质含量高，影响储层物性，孔隙度为 6.40%～10.21%，平均为 8.78%，储层有效渗透率为 0.02～0.31mD，平均仅为 0.15mD。与前两类河道相比，该类河道含水饱和度较高，多为 47.12%～56.93%，平均为 50.76%，对生产有一定影响。

从动态特征来看，II-A 类河道中直井、水平井的平均无阻流量分别为 $3.23 \times 10^4 m^3/d$ 和 $8.12 \times 10^4 m^3/d$，动态控制储量分别为 $0.24 \times 10^8 m^3$ 和 $0.40 \times 10^8 m^3$。对比直井与水平井的稳产情况来看，直井平均拥有 10 个月的稳产期，稳产期累计产量为 $0.11 \times 10^8 m^3$，而水平井稳产时间稍长，为 13 个月，稳产期累计产量为 $0.17 \times 10^8 m^3$ 左右。由于储层物性差，气井累计产量偏低，直井、水平井的累计产量分别为 $0.13 \times 10^8 m^3$ 和 $0.23 \times 10^8 m^3$，并且储层含水饱和度较高造成气井的水气比多在 0.3m³/10⁴m³ 以上，影响产气量的稳定及弹性产率。

综上来看，Ⅱ-A 类河道中，水平井的生产能力要好于直井，但该类河道整体开发效果较差。Js₃³⁻² 气层中 JSDAC 井及 JSDD-B 井所在河道，以及高庙子 Js₃³⁻² 气层中高沙 DAH 井河道、高庙 DD 井所在河道均属于此类。典型气井生产动态特征如图 5-28 和图 5-29 所示。

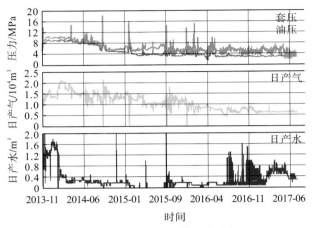

图 5-28   GSDAB-D 井采气曲线

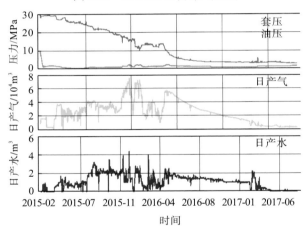

图 5-29   JSDD-CCHF 井采气曲线

4. Ⅱ-B 类河道

Ⅱ-B 类河道与Ⅰ-B 类河道储层物性相近，尽管具有较高的产能，但河道有效砂体宽度更窄、厚度更薄，造成气井动态控制储量及累计产量均低于Ⅰ-B 类河道中的气井，开发效果差。

Ⅱ-B 类河道与Ⅰ-B 类河道沉积环境及水动力条件相似。储层以Ⅰ、Ⅱ类为主，河道有效砂体宽度在 220~300m 内，平均仅为 250m；储层平均有效厚度为 12.83m，平均孔隙度为 8.77%，有效渗透率为 0.36mD；储层含水饱和度为 45.13%~50.41%，平均为 48.34%。经压裂改造，水平井平均无阻流量可达到 16.67×10⁴m³/d，但受河道宽度限制，单井动态控制储量平均仅为 0.23×10⁸m³，造成气井平均只有 9 个月的稳产期，稳产期累计产量为 0.10×10⁸m³，拟弹性产率为 55×10⁴m³/MPa。从产水情况来看，Ⅱ-B 类河道中水平井水气比略高于 I-A、II-B 类河道，平均水气比为 $0.12m^3/10^4m^3$，对气井生产的影响不大。

目前已建产的河道中，中江 Js_1^1 气层江沙 BAFHF 井等河道属于该种类型的河道，其典型水平井的生产曲线如图 5-30 所示。

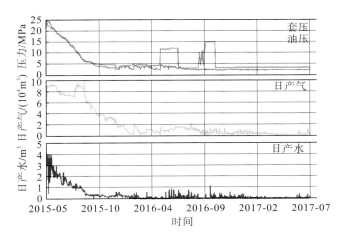

图 5-30　江沙 BAF-BHF 井采气曲线

5. III-A 类河道

III-A 类河道以宽带状、片状曲流河沉积为主，水动力较弱、河道垂向沉积速率较小，形成河道宽度大(大于 1000m)、厚度薄(平均为 14m)，夹层发育，黏土矿物含量较高，孔隙连通性差，孔渗偏低。受沉积特征影响，该类河道地震上呈中强-强振幅特征，自然伽马曲线为锯齿状箱形或钟形，视电阻率值为 $18\sim27\Omega\cdot m$，明显低于上述 4 类河道。从物性来看，储层孔隙度为 5.07%～9.01%，平均为 7.50%，平均有效渗透率为 0.07mD，并且储层含水饱和度较高，含水饱和度多为 50%～65%，平均为 57.95%。

III-A 类河道主要为中江 Js_1^4 气层的江沙 H 井所在河道。这类河道中气井具有测试产能低(平均为 $3.40\times10^4m^3/d$)，动态控制储量小(平均为 $0.15\times10^8m^3$)，产水量高[水气比为 $1.25m^3/(10^4m^3)$]的特点，开发效果差(图 5-31)。

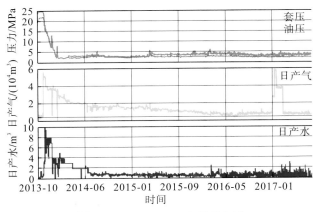

图 5-31　JSCB-GHF 井采气曲线

6. Ⅲ-B 类河道

Ⅲ-B 类河道包括高庙 BAFD 井、高沙 DAD 井、高沙 DAG 井、江沙 DAE 井等河道。这类河道部分由于孔隙不发育、渗流能力过差，气井无工业产能，如高庙 BAFD 井河道。其余河道尽管砂体发育、储层物性较好，但由于距离断层近、断砂配置差等综合影响，储层高含水(含水饱和度大于 60%)，无法建产。

三、不同类型河道开发经济性评价

基于河道类型分类标准，根据实际气井的投资情况，采用现金流法建立不同井深及不同气价下直井、水平井的经济极限可采储量，结果如图 5-32 和图 5-33 所示。

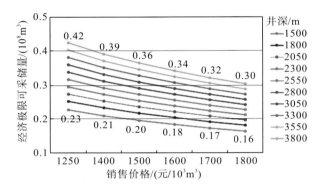

图 5-32　直井经济极限可采储量

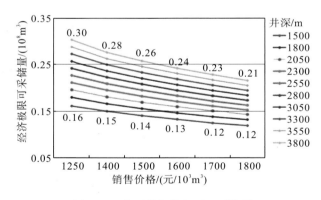

图 5-33　水平井经济极限可采储量

根据该气藏气井实际生产情况，确定各河道中不同井型气井的可采储量，并结合不同气价下的经济极限可采储量，以进行不同类型河道的开发可行性评价(表 5-4)。

从结果来看，在当前较低的气价(1.30 元/m³)下，Ⅰ-A、Ⅰ-B、Ⅱ-A 类河道中气井的可采储量要高于相应的经济极限可采储量或与之相当，说明这 3 类河道在现有经济技术条件下是可以实现有效开发的。而Ⅱ-B 类河道由于储层薄窄、现有水平井长度有限(平均为648m)，单井可采储量无法达到最低经济可采储量的下限。尽管通过增加水平井长度可增大单井可采储量，并且当水平井长度超过 1200m 后可采储量将高于经济极限可采储量，但从经济性评价结果来看，难以满足不同长度水平井的净现值均为负值，说明经济上是不可行的（图 5-34、图 5-35）。

表 5-4　中江气田沙溪庙组气藏各河道开发可行性评价参数表

| 河道类型 | 层系 | 埋深/m | 开发井型 | 动态储量/$10^8 m^3$ | 可采储量/$10^8 m^3$ | 经济极限可采储量/($10^8 m^3$) | | 可行性评价 |
						目前气价/(1.30 元/m^3)	1.60/(元/m^3)	
I-A	Js_3^3	2500~3100	直井	0.70	0.56	0.22~0.25	0.18~0.21	√
			水平井	1.51	1.21	0.31~0.35	0.25~0.29	
I-B	Js_1^1 Js_1^2	1600~2200	水平井	0.47	0.38	0.22~0.28	0.19~0.23	√
II-A	Js_3^3	2500~3100	直井	0.24	0.19	0.22~0.25	0.18~0.21	√
			水平井	0.42	0.34	0.31~0.35	0.26~0.29	
II-B	Js_1^1	1700~2000	水平井	0.21	0.17	0.22~0.26	0.19~0.21	×
III-A	Js_1^4	1800~2100	水平井	0.15	0.11	0.24~0.26	0.20~0.23	×
III-B	—	1600~3100	—	—	—	—	—	×

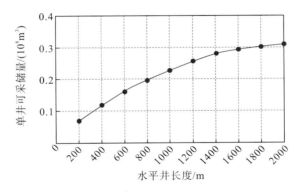

图 5-34　II-B 类河道水平井长度与可采储量的关系曲线

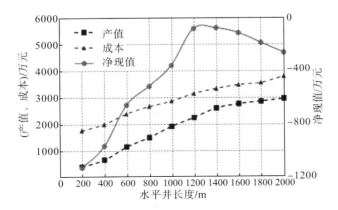

图 5-35　II-B 类河道不同水平井长度经济性评价

Ⅲ-A 类河道以Ⅲ类储层为主，物性差、含水饱和度高，现有水平井的平均可采储量仅为 $0.11×10^8m^3$ 左右，而当该类河道中水平井平均长度超过 1600m 时，控制储量可到达经济极限可采储量下限，但净现值为负（图 5-36、图 5-37）。Ⅲ-B 类河道目前难以建产，不具有开发潜力。综合来看，现有经济技术条件下仅 Ⅰ-A、Ⅰ-B、Ⅱ-A 类河道可实现效益开发，而 Ⅱ-B、Ⅲ-A、Ⅲ-B 类河道在现有的经济技术条件下暂时不具备开发条件。因此，暂不建议对这 3 类河道进行开发。

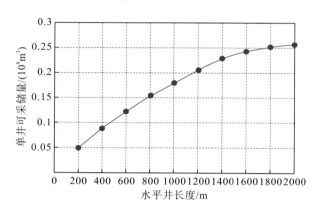

图 5-36　Ⅲ-A 类河道水平井长度与可采储量的关系曲线

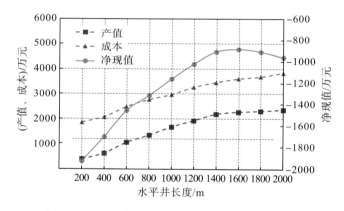

图 5-37　Ⅲ-A 类河道不同水平井长度经济性评价

第五节　河道砂体定量预测技术

一、基于叠前地质统计学反演的河道砂体定量预测技术

基于三维地震资料的储层预测和油气检测技术在油气田勘探开发中发挥着重要作用。20 世纪 70 年代，基于地震振幅特征的"亮点""暗点""平点"技术开启了利用地震信息进行储层及油气预测的先河（Hammond，1974）。20 世纪 80 年代，叠后波阻抗反演技术蓬勃发展，通过反演能够将反映地层界面信息的地震数据转换为反映岩性变化的波阻抗信息，从而可以直接与地质、钻井信息对比，该技术广泛应用于储层预测和油藏描述中。随

着地震勘探的深入和油气储集体越来越复杂,近年来地震储层预测技术主要朝两个方向发展,一方面针对叠后的单一波阻抗参数反演难以解决中深层储层识别难题而发展出了叠前多个弹性参数的同时反演技术(李爱山 等,2007),另一方面针对分辨率较低的确定性反演难以解决薄层预测难题而发展出了高分辨率的地质统计学反演技术(李弘艳 等,2017)。地质统计学反演由博尔托利(Bortoli)和阿斯(Haas)提出,迪布吕勒(Dubrule)等和罗博特姆(Rowbotham)加以发展,但受制于计算机硬件要求高和算法本身的复杂性,该方法推广较慢,且以叠后地质统计学反演为主。近年来随着计算机技术的快速发展以及叠前反演技术的广泛应用,叠前地质统计学反演技术应运而生,它是将地质统计学建模与叠前确定性反演相融合而形成的一项新技术,能充分融合地质、测井、地震等多尺度信息,通过马尔可夫链-蒙特卡洛算法(赵林,2009),产生一系列满足各项软硬性约束条件的弹性参数体、岩相体及岩相概率体等。反演结果纵向上接近测井尺度具有高分辨率,而横向上遵循地震趋势具有高预测性。叠前地质统计学反演相比于其他反演方法的先进性体现在:第一,它是基于模型的反演方法,可以得到逼近测井尺度的高分辨率反演结果;第二,利用了先验地质统计信息,采用了随机模拟算法,可以得到多个遵循同一套地震数据的等概率反演结果,因此相比确定性反演单个结果来说,它可以更好地衡量储层表征的不确定性和预测风险(钱玉贵 等,2013),同时利用多个等概率反演结果综合运算得到的岩相概率体能对储层发育的可能性进行定量预测;第三,地质统计学反演和油藏地质建模都是采用了地质统计学方法,所以其反演结果能更好地适用和匹配后续的地质建模工作,甚至可以整合到一个流程里面形成反演-地质建模的一体化。叠前地质统计学反演的技术流程如图5-38所示。其中关键点在于地质统计参数分析,即通过岩相概率分析和变差函数分析确定储层的空间变化规律(董齐 等,2013),使地质建模与最终反演结果都符合地质认识,降低储层预测的多解性。

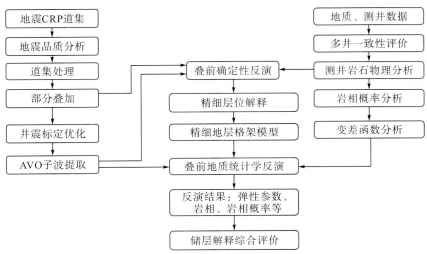

图5-38　叠前地质统计学反演技术流程

　　然而在目前实际应用中很少同时考虑上述两个维度,即叠前反演主要采用确定性方法,而地质统计学反演又以叠后为主,若面临既深又薄的储层就很难有效预测。本书则同时考虑两者的优点，将叠前反演和地质统计学反演相结合，针对川西拗陷侏罗系河道砂岩储层横向变化快、砂泥岩波阻抗值域范围叠置、薄储层薄夹层较发育的特点（胡明毅 等，2010；张雷 等，2013；李炳颖 等，2020），采用叠前地质统计学反演技术来实现对多期河道砂体及薄层的高分辨率识别，在该区目的层的开发井位优化和实施中取得了较好的应用效果。根据川西拗陷成都气田马井—什邡地区蓬莱镇组实际地质情况，结合测井地层评价的结果将岩性分成砂岩、泥岩两种类型。其中，砂岩、泥岩的纵横波速度比和泥质含量有很好的统计学关系。该地区的砂岩为孔隙型砂岩，其对应为低纵波阻抗、低纵横波速度比，可以用双参数模型来识别和模拟以上两种岩性。在进行高分辨率岩性模拟的同时，每一种岩性对应的岩石物理参数分布范围由井点实际测量的数值统计而来，通过应用马尔可夫链-蒙特卡洛模拟可以同时生成高分辨率的岩石弹性参数体，并通过合成地震记录来控制单个岩性实现是否符合实际的地震数据。这个工作流程在整个三维数据体内进行迭代，其中马尔可夫链-蒙特卡洛算法的应用保证了每个网格节点的扰动是随机的，而模型和地震数据的匹配是全局优化的。为了减小单次模拟造成的统计学涨落误差，进行了 10 次岩性模拟，然后根据解释的需要统计了纵波速度、横波速度及密度属性的平均值、方差等，计算流体敏感因子(拉梅系数等)属性。图 5-39 为叠前统计学反演的阻抗、泊松比和拉梅系数剖面，剖面上含气砂体表现为低阻抗、低泊松比和低拉梅系数，横向连续性好，地质规律性强。剖面异常同单井砂体对比性好，反演结果比较可靠(剖面图上为自然伽马曲线)。当储层从纯含水到含气饱和度为 10%时，储层对应的纵波阻抗、纵波速度、密度、泊松比等参数变化比较明显，但当含气饱和度从 10%变化到 100%时，上述参数变化很小，很

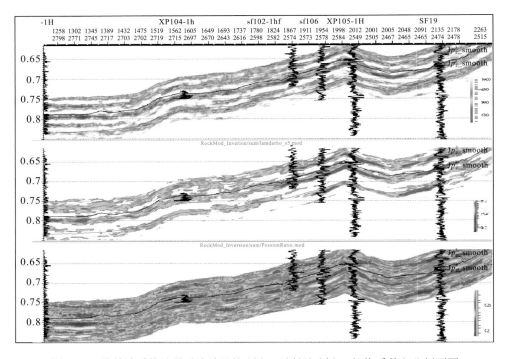

图 5-39　叠前地质统计学反演波阻抗(上)、泊松比(中)、拉梅系数(下)剖面图

难辨别。结合川西地区中浅层气井产能测试情况，如果产能在 1000m³/d 及以上且含气检测结果为有利，则表示为吻合；如果产能在 1000m³/d 以下且含气检测结果为有利，则表示不吻合；如果为干井且含气检测无异常，则也表示吻合。统计结果表明，叠前统计学含气检测结果 Jp_2^3 储层吻合率为 76%，Jp_2^5 储层吻合率为 73%。

二、基于叠后阻抗反演和地质统计学的河道砂体定量预测技术

叠后地震反演技术自提出以来，在储层预测和评价、油藏特征描述等方面得到了广泛的应用。叠后地震反演可以相对快速地将地震波形信息转换为具有地质意义的波阻抗等信息，指导储层的识别与刻画，因此叠后地震反演技术在油气勘探中发挥了十分重要的作用（贾凌霄 等，2016）。随着地震反演技术和计算机水平的不断进步，叠后地震反演技术得到了迅速的发展，并广泛应用于实际生产中，成为储层预测中不可或缺的技术手段。叠后地震反演依据不同的标准有不同的分类，不同的分类又有不同的应用目的和研究重点。按测井资料在其中所起作用的大小可将叠后地震反演分成 4 类：地震直接反演、测井控制下的地震反演、测井-地震联合反演和地震控制下的测井内插外推（姚逢昌和甘利灯，2000）。早期的叠后地震反演是靠线性算法实现的，现今线性反演由于运算速度快、较为稳定等优势仍有广泛应用。20 世纪 80 年代，随着人工神经网络等非线性学科的迅速发展，人工神经网络算法、遗传算法、模拟退火算法、小波变换算法等（陆文凯 等，1996；杨利强，2003；孙思敏和彭仕宓，2007）逐渐应用到叠后地震反演中，因此叠后地震反演从算法上还可分为线性反演和非线性反演。自地质统计学反演被提出后（Hass and Dubrule，1994），按反演的实现过程叠后反演还可分为确定性反演和随机反演（潘昱洁 等，2011），确定性反演主要受地震数据的约束；而随机反演应用随机理论和地质统计学方法，综合井和地震数据，可产生多个等概率的反演结果。根据反演过程中处理的道数，叠后地震反演还可分为单道反演和多道反演。大多数反演算法是基于单道进行计算的，一些学者提出的多道反演方法在一定程度上可以提高反演结果的信噪比（李宏兵，1996；林小竹 等，1998；齐彦福 等，2015）。目前国内比较主流的分类方法是依照实现方法将叠后地震反演分为 3 类：道积分、递推反演、基于模型的反演。道积分和递推反演属于直接反演法，均比较完整地保留了地震反射的基本信息（断层、产状），不存在多解性，但受地震频带宽度的限制，分辨率较低。基于模型的反演技术突破了传统意义上的地震分辨率的限制，理论上可以得到与测井资料相同的分辨率，但反演结果中测井信息和模型提供的高低频分量导致了反演的多解性，且受制于钻井的数量和井网的分布。

地震储层定量预测的关键技术是地震反演，而叠后反演是储层预测常用的技术之一，它有效地将地震信息与测井信息有机地结合在一起，把常规的地震体转换成一个高分辨率的反演属性体，直接反映储层特征，通过将测井反演、宽带约束与岩性反演三者结合起来，把界面型的地震数据转换成各种参数数据及岩性数据，使其能与钻井、测井直接对比，以层为单元进行地质解释，用于解释储层及其含油气性，研究储层特征的空间变化。目前，叠后反演保真度较高的方法主要是基于 JASON 地学综合研究平台的约束稀疏脉冲反演，稀疏脉冲反演假设地震反射系数是由一系列大的反射系数叠加在高斯分布的小反射系数

的背景上构成的,大的反射系数相当于不整合界面或主要的岩性界面。它的目的是寻找一个使目标函数最小的脉冲数目,然后得到波阻抗数据。首先,叠后地质统计学反演是将地震和岩相、测井曲线、概率分布函数、变差函数等信息相结合,定义严格的概率分布模型,通过对井资料和地质信息的分析获得概率分布函数和变差函数,其中概率分布函数描述的是特定岩性对应的岩石物理参数分布的可能性,而变差函数描述的是横向和纵向地质特征的结构和特征尺度;其次,马尔可夫链-蒙特卡洛算法根据概率分布函数获得统计意义上正确的样点集,即根据概率分布函数能够得到何种类型的结果。岩性模拟的样点产生过程并不是完全"随机"的,因为叠后地质统计学反演引擎要求在引入高频数据信息的同时,每次岩性模拟所对应的合成地震记录必须和实际的地震数据有很高的相似性。依据这种"信息协同"的方式将井资料、地质统计学信息、地震资料进行结合,是解决横向非均质性很强的岩性油气藏描述问题的最佳方案。在地质统计学波阻抗体反演的基础上进行岩性模拟,经过多次模拟、模拟结果正演、反复迭代、检验井评估等过程,获得了高质量的反演成果。根据测井分析结果,优质储层主要位于低波阻抗区域,且储层孔隙度和波阻抗相关性较好,所以开展高精度的叠后反演可以有效支撑储层厚度和孔隙度预测。首先开展波阻抗反演,该反演主要采用保真度较高的稀疏脉冲反演方法;然后以波阻抗反演结果为约束,开展地质统计学岩性反演,该方法在井网密集的情况下有明显的优势;最后基于地质统计学波阻抗反演结果和岩性反演结果,在砂岩储层内部进行孔隙度协模拟,最终获得孔隙度反演成果。

图 5-40 为过川合 BCD 井、高沙 DAD 井、高庙 DC 井和高庙 BAFD 井的 Js_3^{3-2} 砂组连井岩性反演剖面(井点处曲线为自然伽马)。可以看出,岩性反演结果与井点处吻合较好。基于高分辨率岩性模拟的结果和岩石弹性参数体,可以通过多轴高斯协模拟的数学方法,对砂岩的孔隙度进行协模拟。在地质统计学波阻抗体、岩性体反演的基础上依据波阻抗和孔隙度的关系,在岩性体的基础上剔除泥岩,进行孔隙度模拟,经过多次模拟、模拟结果正演、反复迭代、检验井评估等过程,获得了孔隙度反演成果。

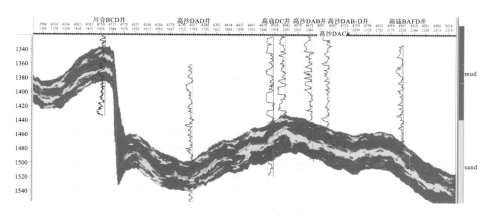

图 5-40   川西拗陷侏罗系沙溪庙组 Js_3^{3-2} 砂组岩性反演剖面

图 5-41 为高庙子地区 Js_3^{3-2} 砂组基于常规反演方法、叠前地质统计学反演方法孔隙度预测平面图。根据钻井统计,从图中可以看出叠前地质统计学反演方法预测精度最高。

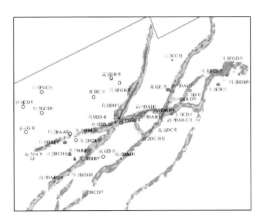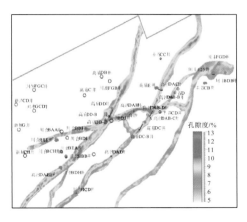

图 5-41　川西拗陷高庙子地区 Js_3^{3-2} 砂组叠前地质统计学反演(左)和常规反演(右)的孔隙度预测平面图

在岩性剖面上，依据储层反射层位向下开时窗，可以求得砂体时间样点厚度。在孔隙度剖面上，依据储层反射层位向下开时窗，可以求得不同孔隙度储层的时间样点厚度，在此基础上进行钻井砂体、不同孔隙度储层厚度校正，获得砂体厚度图、储层厚度图、平均孔隙度图等满足气藏描述及储量计算需求的各类图件。

图 5-42 为沙溪庙组 Js_1^4 和 Js_3^{3-2} 砂组孔隙度预测平面图。根据统计，与实钻数据的吻合率分别为 85.7%和 84.6%，Js_1^4 砂组孔隙度主要分布在 9%～14%，其中江沙 F 井和江沙 H 井附近河道砂体孔隙度较高，Js_3^{3-2} 砂组孔隙度主要分布在 8%～13%，其中高庙 DD 井和高庙 DC 井附近河道砂体孔隙度较高。在孔隙度预测的基础上，根据测井储层分类标准，将孔隙度大于 7%的作为储层，便可实现储层厚度的计算。

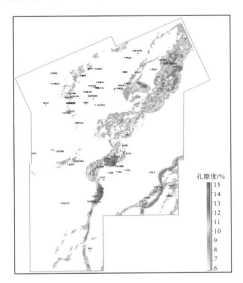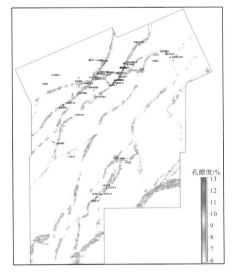

图 5-42　叠前地质统计学反演 Js_1^4(左)和 Js_3^{3-2} 砂组孔隙度预测平面图(右)

图 5-43 为基于叠前地质统计学孔隙度协模拟结果在有利相带范围内提取的 Js_1^4 和 Js_3^{3-2} 砂组储层厚度预测平面图，根据统计，与实钻数据的吻合率分别为 71.4%和 81.5%。

Js_1^4砂组储层厚度主要分布在 10～35m，其中江沙 F 井和江沙 H 井附近河道砂体储层厚度较厚。Js_3^{3-2}砂组储层厚度主要分布在 8～25m，其中高庙 DD 井和高庙 DC 井附近河道砂体储层厚度较厚。

图 5-44 为成都气田什邡地区蓬莱镇组 Jp_2气藏地质统计学模拟的连井南北向岩性剖面，黄色为砂岩、绿色为泥岩，剖面曲线为自然伽马曲线。剖面岩性分辨率高，井点岩性反演结果同参加反演约束的实钻井砂体发育情况吻合，同检验井岩性反演结果吻合，反演结果可靠性较高，克服了常规地震剖面分辨率不足的缺点，这为砂体厚度预测提供了基础。

图 5-45 为连井孔隙度剖面，红黄色为高孔隙储层，剖面蓝色曲线为孔隙度曲线、红色为自然伽马曲线，曲线与剖面对应好。剖面上，不同厚度储层得以展示，这为储层厚度及物性预测提供了基础，为储层量化预测实现了关键的一步。

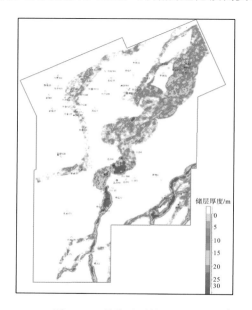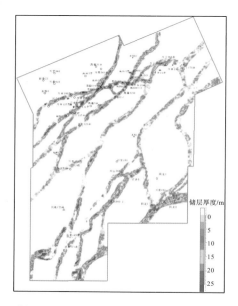

图 5-43   叠前地质统计学反演 Js_1^4(左) 和 Js_3^{3-2}砂组储层厚度预测平面图(右)

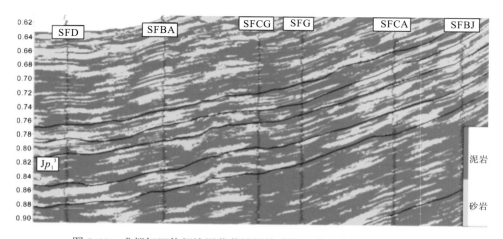

图 5-44   成都气田什邡地区蓬莱镇组地质统计学反演的连井岩性剖面

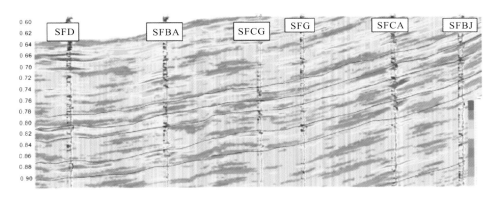

图 5-45   成都气田什邡地区蓬莱镇组地质统计学模拟的连井孔隙度剖面

在岩性剖面上，依据储层反射层位向下开时窗，可以求得砂体时间样点厚度。在孔隙度剖面上，依据储层反射层位向下开时窗，可以求得不同孔隙度储层的时间样点厚度。以地震相带刻画结果为约束，在优势主河道相带内，进行钻井砂体、不同孔隙度储层厚度校正，获得砂体厚度图、储层厚度图、平均孔隙度图等满足气藏描述及储量计算、开发井网部署等需求的各类图件（图 5-46）。

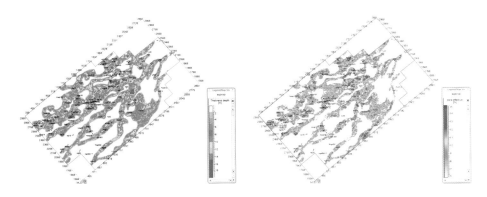

图 5-46   成都气田马井—什邡地区 $Jp_2{}^3$ 砂组有效储层厚度（左）和平均孔隙度（右）图

参 考 文 献

董齐，卢双舫，张学娟，等，2013. 地质统计学反演参数选取及反演结果可靠性分析[J]. 物探与化探，37（2）：328-332.

胡明毅，柯岭，梁建设，2010. 西湖凹陷花港组沉积相特征及相模式[J]. 石油天然气学报，32（5）：1-5.

贾凌霄，王彦春，菅笑飞，等，2016. 叠后地震反演面临的问题与进展[J]. 地球物理学进展，31（5）：2108-2115.

李爱山，印兴耀，张繁昌，等，2007. 叠前多参数同步反演技术在含气储层预测中的应用[J]. 石油物探，46（1）：64-68.

李炳颖，黄鑫，王伟，等，2020. 基于叠前地质统计学反演的高分辨河道识别及薄层预测——以东海 B 气田为例[J]. 工程地球物理学报，17（2）：236-241.

李弘艳，杨子川，韩强，等，2017. 属性分析和地质统计反演在塔里木盆地深层薄砂体识别中的联合应用[J]. 工程地球物理学报，14（2）：159-164.

李宏兵，1996. 具有剔除噪声功能的多道广义线性反演[J]. 石油物探，35（4）：11-17.

林小竹，杨慧珠，汤磊，1998. 无井多道反演[J]. 石油地球物理勘探，33(4)：448-452.

刘成川，刘莉萍，王启颖，等，2020. 川西地区雷口坡组第四段复杂气水分布多重控制因素[J]. 成都理工大学学报(自然科学版)，47(02)：159-168.

刘伟方，于兴河，何琼英，2006. 地震属性在 SU 气田开发中的应用[J]. 天然气地球科学，17(6)：862-867.

刘喜武，年静波，刘洪，2006. 基于广义 S 变换的吸收衰减补偿方法[J]. 石油物探，45(1)：9-14.

刘兴艳，李墨寒，叶泰然，2019. 川西侏罗系复杂河道精细刻画及沉积相带识别[J]. 石油物探，58(5)：750-757.

卢娟，刘韵，马丽梅，等，2019. SPE 储量价值评估方法在中江沙溪庙组致密气藏的应用[J]. 天然气勘探与开发，42(2)：84-88.

陆文凯，李衍达，牟永光，1996. 误差反传播神经网络法地震反演[J]. 地球物理学报，39(S1)：292-300.

吕公河，于常青，董宁，2006. 叠后地震属性分析在油气田勘探开发中的应用[J]. 地球物理学进展，21(1)：161-166.

马世忠，黄孝特，张太斌，2000. 定量自动识别测井微相的数学方法[J]. 石油地球物理勘探，35(5)：582-589.

马世忠，孙雨，范广娟，等，2008. 地下曲流河道单砂体内部薄夹层建筑结构研究方法[J]. 沉积学报，26(4)：632-638.

穆龙新，贾爱林，陈亮，等，2000. 储层精细研究方法——国内外露头储层和现代沉积及精细地质建模研究[M]. 北京：石油工业出版社.

潘昱洁，李大卫，杨锴，2011. 确定性反演和随机反演对井约束条件的需求分析[J]. 石油物探，50(4)：345-349.

齐彦福，殷长春，王若，等，2015. 多通道瞬变电磁 m 序列全时正演模拟与反演[J]. 地球物理学报，58(7)：2566-2577.

钱玉贵，叶泰然，张世华，等，2013. 叠前地质统计学反演技术在复杂储层量化预测中的应用[J]. 石油与天然气地质，34(6)：834-840.

孙思敏，彭仕宓，2007. 基于模拟退火算法的地质统计学反演方法[J]. 石油地球物理勘探，42(1)：38-43.

谭理亚，邓强，李兴文，等，2017. 中江气田高庙区块 JS_3$^{3-2}$ 气层产能主控因素分析[J]. 中外能源，22(5)：32-38.

王建君，李井亮，李林，等，2020. 基于叠后地震数据的裂缝预测与建模——以太阳—大寨地区浅层页岩气储层为例[J]. 岩性油气藏，32(5)：122-132.

熊燕，李井元，刘天佑，2009. 三维叠前时间偏移技术在采穴断块区的应用[J]. 勘探地球物理进展，32(3)：216-219，227，156.

杨利强，2003. 测井约束地震反演综述[J]. 地球物理学进展，18(3)：530-534.

姚逢昌，甘利灯，2000. 地震反演的应用与限制[J]. 石油勘探与开发，27(2)：63-56.

于正军，2013. 地震属性融合技术及其在储层描述中的应用[J]. 特种油气藏，20(6)：6-9，141.

张国栋，刘萱，田丽花，等，2010. 综合应用地震属性与地震反演进行储层描述[J]. 石油地球物理勘探，45(S1)：137-144，240，254.

张雷，姜勇，侯志强，等，2013. 西湖凹陷低孔渗储层岩石物理特征分析及叠前同步反演地震预测[J]. 中国海上油气，25(2)：36-39.

张延玲，肖高杰，2010. 地层岩性油气藏地震属性的研究和应用——以准噶尔盆地永 1 井区为例[J]. 地球物理学进展，25(4)：1332-1338.

赵诚亮，李瑞，邓雁，等，2011. 裂缝性储层地震识别技术[J]. 天然气技术与经济，5(1)：17-20+77.

赵迪，2017. 中江气田沙溪庙组河道砂岩储层定量预测[J]. 物探化探计算技术，39(5)：657-662.

赵林，2009. 马尔可夫链蒙特卡罗模拟在储层反演中的应用[J]. 石油天然气学报，31(2)：249-252.

赵石峰，2020. 多属性信息融合技术在煤层顶板岩层富水性预测中的应用[J]. 中国科技信息(7)：55-56.

Hammond A L，1974. Bright spot：Better seismological indictors of gas and oil[J]. Science，185(4150)：515-517.

Hass A，Dubrule O，1994. Geostatistical inversion——a sequential method of stochastic reservoir modelling constrained by seismic data. First Break，12：561-569.

Miall A D，2006. Reconstructing the architecture and sequence stratigraphy of the preserved fluvial record as a tool for reservoir development：A reality check[J]. AAPG Bulletin，90(7)：989-1002.

第六章　川西拗陷侏罗系砂体定量预测结果的应用

第一节　气　藏　类　型

截至 2016 年底川西拗陷东坡地区沙溪庙组气藏已高效建产 10 条河道,河道分别位于高庙子、中江两个区块的 5 套砂组中。生产实践及研究表明不同建产河道动静态特征差异大,气藏类型各异,为此本书选取典型的建产河道进行剖析精细解剖,以此为基础分析研究区存在的气藏类型。

一、高庙子 Js_3^{3-2} 层①号河道

高庙子地区 Js_3^{3-2} 层发育 3 条高产河道,其中高庙 DC 井河道建产效果显著。截至 2016 年底,该河道已测试专层井 14 口,其中试采 12 口,累计产气 $3×10^8m^3$,累计产油约 5500t,平均单井日产气 $2×10^4m^3$。该河道呈北东—南西向展布,研究区内延伸 58km,宽 0.03~1km。河道砂为三角洲平原分流河道微相沉积,沉积期水动力能量充足,砂体厚度大,为 4.1~37.2m,平均砂体厚度为 31.1m。河道砂储层物性较好,据 3 口井 138 块样品分析,储层平均孔隙度为 10.43%,平均基质渗透率为 0.51mD,孔渗相关性较好,相关系数为 0.5594。同时,发育低孔高渗的裂缝样品。因此,以特低孔-低孔、超低渗-低渗孔隙型储层为主,部分发育裂缝-孔隙型储层。优质储层发育且厚度大,为 13~36.2m,平均为 26.1m,储层以 I 类储层为主,横向展布稳定,物性较好(孔隙度为 8.9%~15.2%,平均为 12.4%)(图 6-1)。

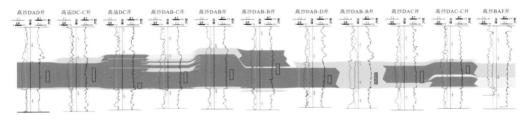

图 6-1　高庙子 Js_3^{3-2} 层①号河道储层连井对比图

该河道高产井主要分布于现今构造高部位,其中位于构造高部位的高沙 DAB-EHF 井测试无阻流量为 $17×10^4m^3/d$,生产情况稳定。截至 2016 年底,平均日产气量为 $6×10^4m^3$,累计产油约 $1100m^3$(图 6-2),返排率达 63.2%。位于构造低部位的高沙 DAC-C 井测试无阻流量为 $1×10^4m^3/d$,投产初期不产地层水,截至 2016 年底,平均日产气量为 $0.4×10^4m^3$,累计产水 $270m^3$,不产凝析油(图 6-3),返排率达 138.37%,产水迹象明显。

　　河道砂产出流体以天然气为主，伴有凝析油及少量地层水。地层水水型为 $CaCl_2$ 型，流体性质单一，在构造高部位主体区域呈现出低矿化度凝析水的特征（平均总矿化度为 $1953×10^{-6}$），构造低部位则为高矿化度地层水的特征（总矿化度大于 $50000×10^{-6}$），高出主体区的 25 倍，气水分异明显；天然气甲烷含量平均值为 92.3%；该河道凝析油平均日产油 0.12～0.92t，油气比为 0.07～0.33（平均为 0.17），集中在主体构造高部位，低部位少见。根据该河道测试井压恢试井数据分析，地压系数为 1.81，属于超高压气藏，地温梯度为 2.17℃/100m，属于常温。综上，高庙子 Js_3^{3-2} 层①号河道为三角洲平原分流河道沉积、致密砂岩、异常超高压、常温、弹性气驱、水驱并存的构造湿气气藏（图 6-4）。

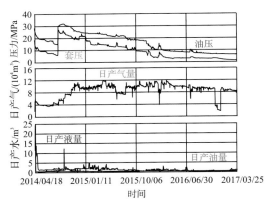

图 6-2　高沙 DAB-E 井试采曲线　　　　　　图 6-3　高庙子 DC-C 井试采曲线

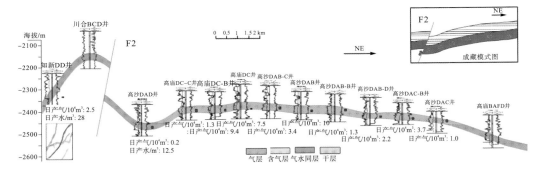

图 6-4　高庙子 Js_3^{3-2} 层①号河道剖面图

二、中江 Js_3^{3-2} 层河道

　　Js_3^{3-2} 层发育 1 条高产河道，截至 2016 年底，该河道已测试专层井 15 口，平均无阻流量为 $13×10^4m^3/d$，试采 11 口井，累计产气约 $3×10^8m^3$，累计产油约 2600t，平均单井日产气量约为 $3×10^4m^3$。该河道呈 NE—SW 向展布，研究区内延伸 32km，宽 0.04～0.07km。河道砂为三角洲前缘水下分流河道沉积，沉积期水动力能量充足，由南至北一条主河道贯穿始终，砂体厚度大，为 5.8～30.8m，平均为 24.1m。河道砂储层物性较好，据 2 口井 174

块样品分析，储层平均孔隙度为 9.57%；平均基质渗透率为 0.53mD，孔渗相关性较好，相关系数为 0.6939，属于特低孔-低孔、超低渗-低渗致密砂岩储层，以孔隙型储层为主。储层类型以Ⅰ、Ⅱ类优质储层为主，优质储层厚度较大，为 0.3～30.5m，平均为 18.8m，与同层高庙子①号河道相比，储层横向非均质性增强(图 6-5)。

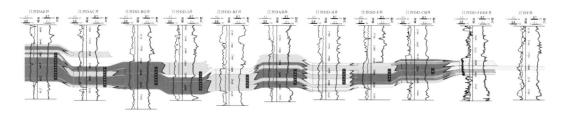

图 6-5 中江 Js_3^{3-2} 层河道储层连井对比图

该河道砂产能井主要分布于现今构造低部位，高产气井明显不受构造控制，其中位于河道相对低部位的江沙 DD-F 井测试无阻流量约为 $23×10^4m^3/d$，截至 2016 年底，平均日产气量约为 $6×10^4m^3$，累计产气量为 $0.69×10^8m^3$，累计产油量约为 530t(图 6-6)；而相对高部位的江沙 DAC 井测试无阻流量为 $7×10^4m^3/d$，截至 2016 年底，平均日产气量为 $2×10^4m^3$，累计产气量为 $0.18×10^8m^3$，累计产油量约为 30t(图 6-7)。

河道产出流体以天然气为主，伴有凝析油和少量地层水。地层水水型为 $CaCl_2$ 型，流体性质单一，河道砂产出水体总矿化度值高，为各建产河道之首，平均值高达 $51151×10^{-6}$，具典型长期高度封闭地层水化学特征，表明气藏的封存条件好；天然气甲烷含量平均值为 93.2%；该河道产少量凝析油，平均日产油量为 0.019～0.63t，油气比为 0.01～0.16(平均为 0.07)。根据泥浆密度折算，该河道地压系数为 1.8～1.99MPa，属于超高压气藏，参考邻层压恢测试成果，地温梯度为 2.17℃/100m，属于常温。综上，中江 Js_3^{3-2} 层河道为三角洲前缘分流河道沉积、致密砂岩、异常超高压、常温、弹性气驱、岩性湿气气藏(图 6-8)。

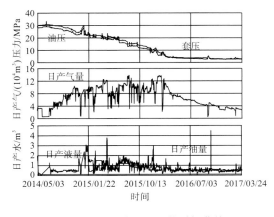

图 6-6 江沙 DD-F 井采气曲线

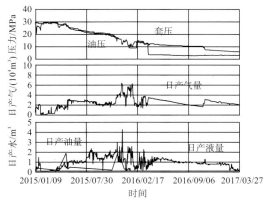

图 6-7 江沙 DAC 井采气曲线

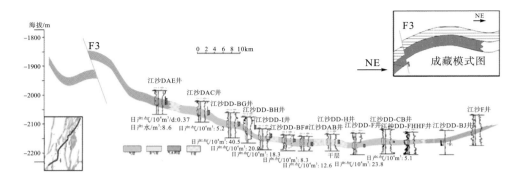

图 6-8   中江 Js_3^{3-2} 气藏河道剖面图

三、高庙子 Js_3^{3-1} 层河道

高庙子 Js_3^{3-1} 层发育 1 条高产河道,该河道已测试专层井 11 口,测试平均无阻流量为 $13.09\times10^4m^3/d$。其中,试采 10 口,累计产气 $1.99\times10^8m^3$,累计产油 1494t,累计产水 $4676.6m^3$。平均单井日产气 $4.59\times10^4m^3$。该河道呈 NE—SW 向展布,研究区内延伸 34km,宽 $0.5\sim2.7km$。河道砂以三角洲平原分流河道微相沉积为主,曲线锯齿化特征明显,砂体厚度大,为 $22\sim28.1m$,平均为 23.6m。河道砂储层物性较好,据 1 口井 81 块样品分析,储层平均孔隙度为 8.35%,平均基质渗透率为 0.14mD,孔渗相关性好,相关系数为 0.77,属于特低孔、超低渗、孔隙型储层,部分发育裂缝-孔隙型储层。河道优质储层较发育,厚 $3.6\sim22.5m$,平均厚 12.2m,与邻层对比,储层横向非均质性较强,以 II 类储层为主(图 6-9)。该河道高产井主要分布于现今构造较高部位,如高部位的高庙 DD-BAHF 井测试无阻流量为 $15\times10^4m^3/d$,截至 2016 年底,平均日产气量约为 $8m^3$,累产气量为 $0.14\times10^8m^3$,累计产油量约为 400t,水气比为 0.07;低部位的高庙 DD-JHF 井测试无阻流量为 $3.92\times10^4m^3/d$,截至 2016 年底,单井平均日产气量约为 $1.6\times10^4m^3$,累计产气 $380\times10^4m^3$,平均日产水量为 $1.41m^3$,不产凝析油,水气比为 0.86,根据物质平衡诊断,曲线呈现出上翘的趋势,初步判断为边水推进。

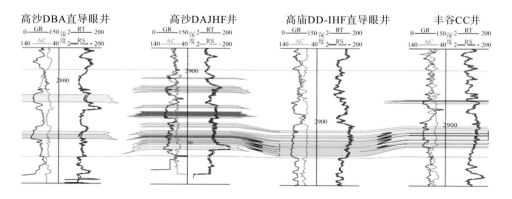

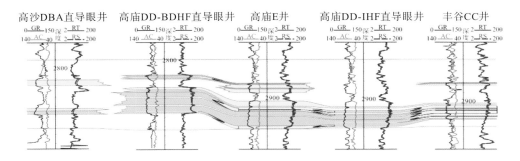

图 6-9　高庙子 Js_3^{3-1} 河道储层对比图（深度单位为米）

河道产出流体以天然气为主，产少量凝析油和地层水，地层水水型为 $CaCl_2$ 型，总矿化度值较高，平均为 $13000×10^{-6}$，该河道主体区凝析油平均日产油 0.003~0.92t，油气比为 0.01~0.17（平均为 0.08）。根据泥浆密度折算，该河道地压系数为 1.75~1.98MPa，属于高压-超高压气藏，参考邻层压恢测试成果，地温梯度为 2.17℃/100m，属于常温。综上，高庙子 Js_3^{3-1} 层河道为三角洲平原分流河道沉积、致密砂岩、异常高压-超高压、常温、弹性气驱、水驱并存的构造-岩性湿气气藏（图 6-10）。

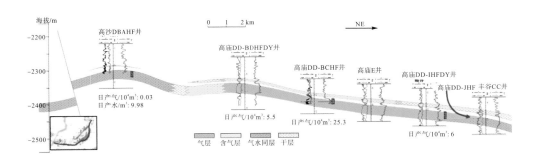

图 6-10　高庙子 Js_3^{3-1} 气藏河道剖面图

通过高产河道的精细解剖，明确目前中江沙溪庙组气藏存在 4 种气藏类型（表 6-1）：构造气藏、岩性气藏、构造-岩性气藏、岩性-构造气藏。研究区沙溪庙组 10 条建产河道中以受构造控制的岩性气藏为主，其中构造-岩性气藏有 6 个，构造气藏有 1 个，岩性气藏有 2 个，岩性-构造气藏有 1 个（表 6-2）。对比分析发现：①岩性气藏具早成藏早封闭的特征，后期构造运动对气藏的改造作用不明显；②构造气藏储层物性及品质最好，其次为岩性-构造气藏；③与构造气藏相比，岩性气藏地层水矿化度整体偏高；④与构造气藏相比，岩性气藏原始地层压力略高。

表 6-1　东坡沙溪庙组高产河道气藏类型统计表

砂组	区块	河道	气藏类型
$Js_1{}^1$	中江	江沙 BAJHF	岩性-构造气藏
		中江 BGHF	
$Js_1{}^2$	中江	江沙 BACHF	构造-岩性气藏
		江沙 BAEHF	
$Js_3{}^{3-1}$	高庙子	高沙 DAJHF	
$Js_3{}^{3-2}$	高庙子	高庙 DC	构造气藏
		高庙 DD	构造-岩性气藏
		高沙 DAH	
$Js_3{}^{3-3}$	中江	江沙 DAB	岩性气藏
	中江	中江 BJHF	

表 6-2　高产河道地质特征汇总表

层位	烃源断层	断砂配置	古构造	今构造	断砂距离/km	储层品质	流体分析	压力系数	气藏类型
高庙子 $Js_3{}^{3-2}$	F2				6.9（获产 12.1~19.4）	孔：10.2%，渗：0.49mD 相关性：0.56 以 I 类储层为主	以氯化钙为主，主构造平均总矿化度为 1953×10^{-6}	1.81（压恢）	构造气藏
中江 $Js_3{}^{3-2}$	F3				4.39（获产 5.4~15.6）	孔：9.48%，渗：0.53mD 相关性：0.69 I、II 类储层为主	以氯化钙为主，平均总矿化度为 51151×10^{-6}	1.8~1.99 平均为 1.87（泥浆密度折算）	岩性气藏
高庙子 $Js_3{}^{3-1}$	F4	V 形			6.75（获产 6.6~17.5）	孔：8.3%，渗：0.14mD 相关性：0.77 II 类储层为主	以氯化钙为主，平均总矿化度为 16350×10^{-6}	1.87~1.98 平均为 1.93（泥浆密度折算）	构造-岩性气藏
中江 $Js_1{}^1$	F6				9.36（获产 9.3~29.4）	孔：10.27%，渗：0.29mD 相关性：0.85 I 类储层为主	以氯化钙、硫酸钙为主，平均总矿化度为 19859×10^{-6}	1.82（压恢）	岩性-构造气藏

第二节　远源窄河道砂体天然气富集机理

前期的研究认为沙溪庙组远源窄河道砂岩气藏为受现今构造控制的岩性气藏，勘探开发实践揭示气藏不仅受古今构造控制，断层的构造演化及其与砂体的配置关系对气藏的成藏富集影响不容忽视，而在相同的构造背景下，储层的储集性能对气藏的高产、稳产也起着决定性的作用。为此，本书在对河道砂体精细预测的基础上，通过对获产层系、高产河道以及高产井单井的解剖，逐一分析构造条件、断砂配置关系以及储层物性等因素对单井产能及油气富集的影响。

一、岩性气藏的断砂配置模式

　　川西拗陷东坡沙溪庙组气藏的勘探开发实践证实，断砂的有效配置是油气富集的基础。通过分析燕山期断面古形态和砂体古构造以及两者间的空间组合关系，断砂空间组合模式可分为 4 类：①类模式，砂体位于断层上升盘一侧，砂体倾向与断层倾向相反；②类模式，砂体位于断层上升盘一侧，砂体倾向与断层倾向相同；③类模式，砂体位于断层下降盘一侧，砂体倾向与断层倾向相同；④类模式，砂体位于断层下降盘一侧，砂体倾向与断层倾向相反（图 6-11）。其中，①类和③类共同表现为砂体下倾方向与断层相接，呈现 V 形；而②类和④类则表现为砂体上倾方向与断层相接，呈现 Λ 形。统计表明，V 形组合（即①类和③类断砂组合）占该区产工业气流河道砂的近 90%，有利于砂体俘获天然气并成藏。

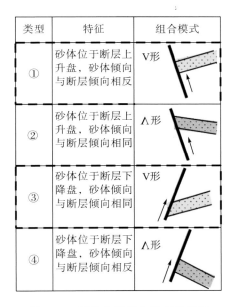

类型	特征	组合模式
①	砂体位于断层上升盘，砂体倾向与断层倾向相反	V形
②	砂体位于断层上升盘，砂体倾向与断层倾向相同	Λ形
③	砂体位于断层下降盘，砂体倾向与断层倾向相同	V形
④	砂体位于断层下降盘，砂体倾向与断层倾向相反	Λ形

图 6-11　断砂空间组合模式示意图

二、断层对成藏的双重性作用

　　川西拗陷东坡沙溪庙组气藏勘探开发实践及研究证实，富气层系的河道砂与断层必须相接才可能成藏。同时断砂的配置方式必须是有效的，即在成藏期为 V 形的①类或③类组合方式。断层在成藏有利期是油气有效运移的通道，而在其后的调整期又是油气散失的通道，喜山期的构造调整运动，使得西部断裂多呈现出导水断裂的特征，河道砂近断层处（平均小于 5km）基本都产水（图 6-12）。

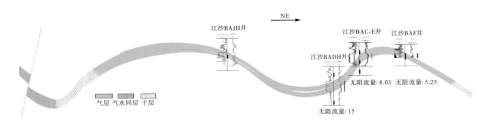

图 6-12　中江 Js_1^1 砂组典型气藏剖面

三、古构造是油气富集的前提

川西拗陷东坡沙溪庙组气藏为深源浅聚、断砂输导的次生气藏，对气藏河道砂进行解剖及古构造恢复发现，在生排烃高峰期(10～100Ma，中白垩世，燕山晚幕—喜山期)，富集成藏的河道砂均为典型的构造气藏，即天然气在成藏期经断层向河道砂高部位富集，低部位产水(图6-13)；而富集河道现今既有较典型的构造气藏，又有典型的岩性气藏，故成藏期古构造为该气藏油气富集的前提。

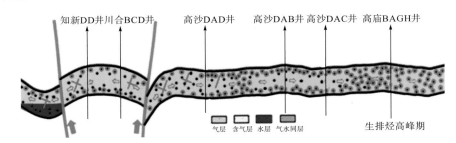

图 6-13　高庙子 Js_3^{3-2} 砂层组 2 号河道砂成藏期天然气运移模式图

四、物性封堵是油气富集的核心

川西拗陷东坡沙溪庙组气藏河道砂成藏后，其后期持续的差异压实和成岩作用造成河道内储层具强烈的非均质性，在部分河道砂内形成多段有效的岩性封堵，气水在河道砂内呈现"香肠式"的分布模式(图6-14)。喜山期的构造调整及改造作用，使得西部断裂带整体抬升，近断层处裂缝发育，对于无有效岩性封堵的河道砂即使其古今构造均处于构造高部位，天然气后期散失，河道砂含水(图6-15)。

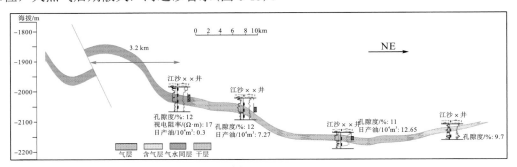

图 6-14　中江 Js_3^{3-2} 砂层组河道砂气藏剖面图

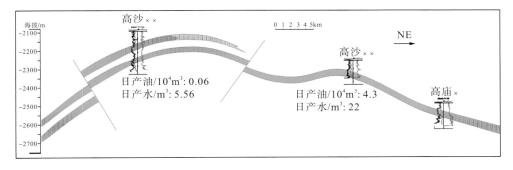

图 6-15　高庙子 $Js_3^{3\text{-}3}$ 砂层组河道砂气藏剖面图

五、储层物性是气井稳产的关键

气藏储层整体致密，储层非均质性极强，在河道砂已成藏的基础上，气井的产能与储层物性关系密切。选取典型河道砂统计分析表明，气井测试产能与砂岩孔隙度、渗透率呈明显的正相关关系（图 6-16）。气层孔隙度一般大于 7%，渗透率大于 0.1mD，测试产能大于 $1\times10^4\mathrm{m}^3/\mathrm{d}$ 的层段平均渗透率普遍大于 0.4mD，平均孔隙度大于 11%，即储层物性越好，产能越高。气藏储层非均质性极强，有效厚度变化大，统计分析表明，单井产能与优质储层的厚度呈明显的正相关关系，优质储层越发育，气井的产能越高，稳产能力越好（图 6-17、图 6-18）。由此可见，在满足其他成藏的条件下，储层物性越好，气井产能越高；优质储层越发育，气井产能高，稳产效果越好。

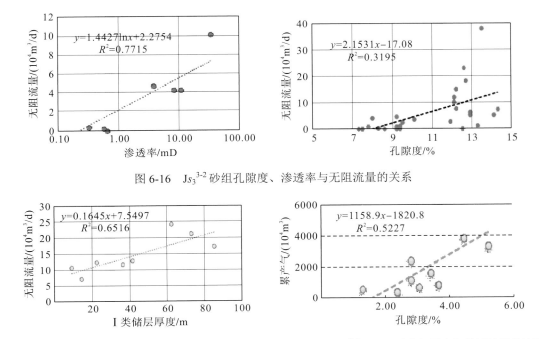

图 6-16　$Js_3^{3\text{-}2}$ 砂组孔隙度、渗透率与无阻流量的关系

图 6-17　Js_1^1 砂组水平段 I 类储层厚度与无阻流量的关系　图 6-18　$Js_3^{3\text{-}2}$ 砂组孔隙度与累产气的线性相关性图

六、窄河道砂体岩性封堵成藏机理

通过断层、古今构造、物性变化及配置关系分析，形成了8种"断、构、砂、储"配置模式（图6-19），其中高产富集模式有两种。构造主控模式：烃源断层与河道砂有效搭配，距断裂 5～25km，古今构造位置均高，储层物性好（图6-20）。岩性主控模式：烃源断层与河道砂有效搭配，古构造高，今构造低，河道内有效的物性封堵与优质储层相互间隔（图6-21）。综上表明，川西拗陷东坡沙溪庙组远源窄河道致密砂岩气藏为"有效断砂配置+优势古构造+物性封堵+优质储层"的高产富集模式：①有效烃源断层和分流河道砂的有效配置是获产的前提；②构造对油气富集起控制作用，其中古构造是油气富集的关键控制因素；③河道砂有效的物性封堵是油气富集的核心；④储层物性的高低及厚度的大小是气井高产、稳产的关键。

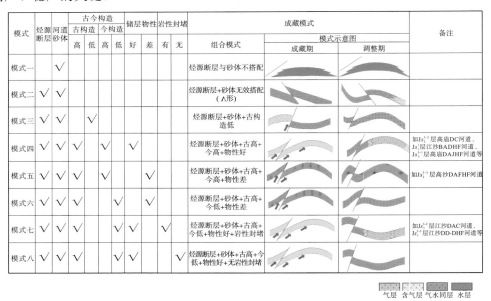

图 6-19　川西拗陷侏罗系沙溪庙组窄河道致密砂岩气藏成藏模式图

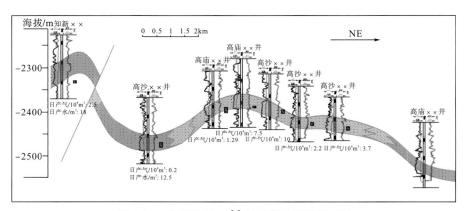

图 6-20　高庙地区 Js_3^{3-2} 气层①号河道剖面图

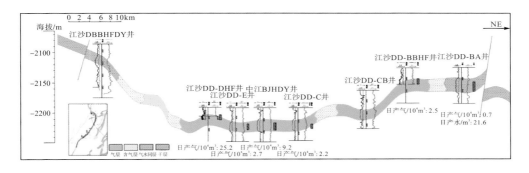

图 6-21　Js_3^{3-3} 气层河道剖面图

第三节　含气砂体预测技术

最早的含气性检测可以追溯到 20 世纪 60 年代的"亮点"技术,当时地球物理学家把地震剖面上的振幅相对增强的"亮点"看作是油气藏存在的反映。在之后的十几年内,基于地震振幅属性识别储层的判别模式被广为使用。但是随着含气性研究的深入,地球物理学家发现了"亮点"技术适用情况的局限性。Ostrander(1984)发现了遵循策普里兹方程的振幅随炮检距变化(amplitude versus offset,AVO)现象,对于之后学者们开展基于多种能够反映地层岩性的 AVO 属性参数进行油气预测作出了开创性的奉献。Simth(1987)提出了流体因子的概念。在此基础上,法蒂(Fatti)等于 1994 年将纵、横波阻抗变化率的加权差用于流体因子的表征,认为纵波阻抗能够较好地区分含气砂岩与含水砂岩。古德韦(Goodway)等在 1997 提出 Lambda-Mu-Rho(LMR)分析法,该方法得到两种新的弹性参数,其对含气性比较敏感,Goodway 等认为这两种参数能够直接反映流体等地球物理信息,可用于识别流体异常。拉塞尔(Russell)等(2003)基于 Biot-Gassmann 孔隙弹性理论提出了 Russell 法,用于识别流体组分。Dillon 等(2003)通过对比几种直接烃指示(direct hydrocarbon indication,DHI)的属性,提出了 DHI 的波阻抗差分析法。Chapman(2003)分析发现了地震波传播速度频变,并将速度频变作为识别流体的可能参数。贺振华和王栋(2009)提出了对碳酸盐岩中气层识别效果可靠的扩展流体因子。诸多学者也针对利用属性进行含气性检测做了探索和尝试。畅永刚等(2012)将奇异值分解(singular value decomposition,SVD)应用到地震数据降维,并在此基础上对可以用于储层含气性预测的有用地震属性进行了取舍优化。程冰洁等(2012)基于策普里兹方程,推导出一系列地震波 AVO 属性与频率之间的关系,并指出频变 AVO 属性是含气性的敏感参数,可以用于富气圈闭的描述。于敏捷等(2015)将叠前地震资料进行角度部分叠加,形成小、中、大角度叠加剖面,并提取目的层层间振幅属性进行含气性检测。张艳等(2018)基于遗传算法优化 BP(back propa gation)神经网络方法提出了一套多属性含气性检测方法。地震波在地下介质中传播时,地层介质的吸收滤波使得地震波能量发生衰减以及产生速度频散现象,导致地震波高频部分的速度变快,从而使其波形不断变化,地震波振幅减小、相位发生畸变等。尤其是当地质体中含油气或水时,高频吸收衰减尤其明显。因此地球物理学家开展了大量基于吸收衰减属性进行含油气性检测的研究，认为地震波的衰减属性能够提供有关储层孔隙流体的信息，可以将其直接用于含油气性的检测。而频率属性与储层信息存在的直接联系，为储层含气性研究提供了新的方向。Dilay 和 Eastwood（1995）研究发现产气层会出现非产气层没有的高频衰减现象，验证了地层含气性与地震波频率衰减存在一定的经验关系。Mitchell 等（1996）提出了经典的高频衰减分析方法（energy absorption analysis），简称"EAA 技术"。该方法的核心思想是计算地震波在含油气储层中传播时，其高频能量的衰减。Sun 等（2002）通过利用谱分解得到频率瞬时谱能量，并认为频率瞬时谱能量显示的异常能够用于含气性的识别。Korneev 等（2004）通过岩石物理实验，模拟了当岩石饱含流体时，地震波的频率衰减情况。随着时频分析方法的发展和改进，众多学者基于不同的时频分析方法开展了频率衰减分析，以提高含气性检测的精度。刘喜武等（2006）对比了短时傅里叶变换、连续小波变换、S 变换以及广义 S 变换，基于广义 S 变换的高分辨率，提取了分时的频率能量谱，根据高频能量损失进行了含气性检测。孙万元等（2011）利用运算速度更快、时频分辨率更高的匹配追踪算法较为准确地提取了地震信号的高、低频能量，得到的含气性检测结果与实际钻井吻合。高静怀和王平（2015）发明了一种基于同步挤压变换的地震衰减估计方法，并详述了实现流程，研究区应用效果显示该方法得到的衰减估计结果能够有效指示含气储层、帮助地质解释人员确定钻井位置。薛雅娟和曹俊兴（2016）将小波变换结合经验模态分解方法，利用最小二乘法进行频率衰减属性的提取，提高了频率衰减属性估计的精度以及对弱含气层识别的灵敏度。赵迎（2016）将完备总体经验模态分解引入低频和高频衰减梯度的计算中，得到了可靠的含气性储层展布。田晓红（2018）通过能量衰减分析和实例研究认为能量衰减属性可以定性分析含油气性，同时高质量的地震资料和高分辨率的时频分析算法有助于提高地震衰减属性对含油气性识别的准确性和可靠性。

本书建立了流体定量预测技术，在岩石物理分析中，针对河道储层地震响应特征，研发了致密岩性气藏基于射线参数域的改进三参数反演和地质统计学递进反演、相控预测方法，基于高精度岩石物理模板，在叠前三参数反演的基础上，借助井约束地质统计学反演提高地震分辨率，通过岩性与孔隙度模拟，实现储层岩相、物相定量预测，有效提高薄储层识别能力与预测精度。针对河道储层含气性检测，尤其是含气丰度预测的世界级难题，研发了基于孔隙介质渐进方程反演的流体检测技术、流体密度叠前反演含气饱和度检测技术等，实现储层流体相的定量预测。

一、地震叠后常规属性含气性预测技术

地震属性是指那些由叠前或叠后地震数据，经过数学变换导出的有关地震波的几何形态、运动学特征、动力学特征和统计学特征的特殊度量值。地震属性提取技术是通过算法研究来提取、分类、融合、分析及评价地震属性的技术。

长期以来地震属性技术一直是地震特殊处理和解释的主要研究内容。随着数学、信息科学等领域新知识的引入，从地震数据中提取的地震属性越来越丰富，有关时间、振幅、频率、吸收衰减等方面的地震属性已超过 60 种，新的属性还在不断涌现。

　　岩石物理特征研究结果表明，砂泥岩在波阻抗上重叠范围较大，仅能将低阻抗含气砂岩和高阻抗致密砂岩从泥岩中区分出，但都有部分重叠，阻抗与振幅与含气性的关系是首先需要回答的问题。

1. 振幅、波阻抗与含气性关系分析

　　地震剖面反射振幅是储层与围岩阻抗差异引起的反射系数及子波褶积而成的，振幅强弱与储层、围岩阻抗及厚度等因素密切相关。在不考虑围岩变化时，地震波阻抗主要与储层的孔隙度相关(图 6-22)，而波阻抗对含气性的预测能力，通过相关系数的求取可知，波阻抗与含水饱和度的相关性很低。含气性引起振幅能量、波阻抗的变化不明显，振幅、波阻抗与储层含气性、含水饱和度相关性不强，直接用振幅或波阻抗进行储层含气性预测难度较大。但波阻抗和孔隙度相关性明显，利用波阻抗可以预测储层孔隙度，进一步可以从侧面预测储层含气性。

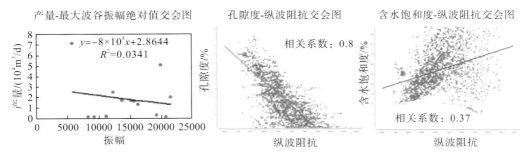

图 6-22　地震振幅与产量、波阻抗同孔隙度及含气饱和度的关系

2. 频率与含气性关系分析

　　图 6-23 左图为成都气田马井—什邡地区蓬莱镇组 Jp_2^3 层最大波谷振幅图，图中河道特征明显，北部 MPHF 井—XPBAF 井河道波谷振幅异常位置钻井含气性比较好，总体上强波谷振幅与含气性有一定的关系。但具有一定的多解性，少部分井测试效果不是太理想，如在强波谷异常的 SFBAC-BH 井测试为干层，SFBAE-BH 井产水。Jp_2^5 层最大波谷振幅图上北侧及东北侧振幅异常，经钻井测试为干层，什邡地区南部强振幅区测试效果较好。

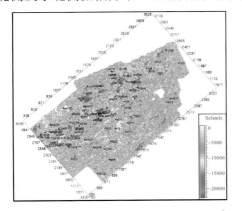
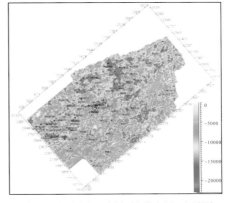

图 6-23　成都气田马井—什邡地区 Jp_2^3 层最大波谷振幅(左)、频率异常(右)平面图

3. 吸收衰减含气性预测技术

地震波衰减是地震波在地下介质中传播时总能量的损失，是介质的内在属性。油气储集层实际上是多相的，或者至少是双相的，即固相的具有储集空间的岩石骨架和流相的油、气、水。引起地震波衰减的因素分为内部和外部两种：内部因素主要是介质中固体与固体、固体与流体、流体与流体界面之间的能量损耗；外部因素主要是球面扩散、大尺度的不均匀性介质引起的散射、层状结构地层引起的反射和透射等。这种不均匀性介质的尺度等于或大于地震波长时，外部因素占主导地位。还有一些其他因素，如薄层调谐、横向波阻抗和岩性变化等。

不同岩性对地震波的吸收程度也不同，地层的吸收越强，地震波的高频成分衰减得越快。根据地层吸收性质与岩相、孔隙度、含油气成分等的密切关系，可以预测岩性，在有利条件下可直接预测油气的存在。频率吸收衰减是地震波频谱分析技术中的一个重要属性特征。理论研究表明，与致密的地质体相比，当地质体中含流体（如水、油或气）时，都会引起地震波能量的衰减，尤其是高频成分。因此，当孔隙比较发育、含有流体充填时，其地震波频率衰减梯度就要增加，在地震记录振幅谱上表现为"低频共振、高频衰减"的特征（图6-24），这构成了频率衰减属性油气检测的基础。

由于大地滤波、地层结构、裂缝、地震子波、岩性以及地层中流体的影响，地震波在传播过程中必然会发生衰减，如大地滤波使高频成分损失，保留相对的低频成分，这种频率衰减对任何地层都起作用，具有普遍性和规律性；若地层中含有油气，则这些油气流体对高频成分的吸收显得非常显著。吸收系数的测量比较复杂，不仅与岩石本身的性质有关，还与传播距离、球面扩散等有关，因此单纯计算衰减系数来进行含气性检测具有不确定性，而衰减梯度属性就克服了这种不足。衰减梯度是计算地震波高频段的衰减变化率，消除了传播距离等外在因素的影响，能够只反映岩石的内在性质，具有很高的流体敏感性。

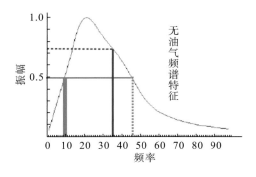 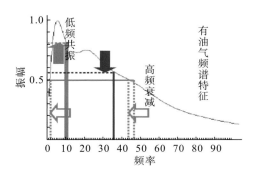

图6-24 油气检测基础（低频共振、高频衰减）

衰减属性的储层流体分析如下：①含油气储层的衰减属性与振幅属性总体上成正比关系，但衰减属性能较好地描述含油气储层；②衰减属性与储层含流体性质有关，与其厚度无关，只要存在流体，就存在一定程度的衰减；③含气井的衰减梯度值偏高，其绝对值大于0.5，含油井的衰减梯度值居中，其绝对值在0.35～0.5，含水井的衰减梯度值偏低，其绝对值小于 0.35。经验表明，有时含气与含水时的衰减梯度会互相重叠，产气与产水区域不能完全分开，而指定能量比为 65% 和 85% 时的频率则能很好地区分，这是因为含气时高频成分比含水时衰减得更快。所以，综合利用两种属性技术手段联合开展预测往往能达到较准确的预测结果。

　　川西拗陷浅、中层气藏埋深浅，储层品质好，地震反射特征明显，表现为明显的"低频、强振幅、低视频率"的反射特征，已知钻井揭示含水砂岩也表现为类似的反射特征。理论研究表明，砂岩含气后具有更低的频率特征。因此，可利用基于频率的含气检测方法开展马井—什邡地区三维砂体含气检测，分析含气储层的吸收衰减特征。图 6-25 分别为不产气井 SFBAD 井旁道振幅谱和产气井 SFCA 井旁道振幅谱，从振幅谱上可以看到明显的"高频衰减"现象，这为本书利用频率衰减属性进行流体识别奠定了基础。蓬莱镇组为主要目的层，Jp_2^3 砂层及上下砂层为主要产气层。由于川西拗陷属于非常规的碎屑岩岩性油气藏，我们不能用常规的方法寻找背斜、断层等有利构造来直观地识别储层。因此从地震剖面上，也并不能准确区分哪里是有利储层，哪里是非有利储层。图 6-26 为提取的衰减梯度属性连井剖面。由图可见，测试产能在 $2×10^4m^3/d$ 以上的天然气井 CXGAF 井、XPBAF 井、SFCA 井、SFI 井，反映为强衰减梯度异常；SFCB 井和 SFJ 井在 Jp_2^3 层无测试产能，SFCB 井为很低的吸收衰减异常，而 SFBJ 井在 Jp_2^3 层仍为较强的吸收衰减异常，该属性的预测结果仍存在一定的多解性。图 6-27 为提取的沿 Jp_2^3 层衰减梯度属性切片。由图可见，测试产能在 $2×10^4m^3/d$ 以上的天然气井 MPHF 井、CXGAF 井、XPBAF 井、SFCA 井、SFI 井、SFCG 井、SFCD 井，均反映为强衰减梯度异常；而测试产能在 $2×10^4m^3/d$ 以下的 SFBJ 井、SFBH 井有相对较低的衰减梯度异常；无产能的 SFJ 井、XPBAD 井、SFCB 井、SFBG 井、SFBA 井、SFBD 井、SFH 井没有或者只有很低的衰减梯度异常。图 6-28 为提取的沿 Jp_2^5 层衰减梯度属性切片，该储层有 15 口井，钻井测试资料较少，据统计，含气性吻合率在 73% 以上。实践证明，频率衰减属性为进行流体识别、含气性检测提供了方向。但由于地震波在地下传播的复杂性以及地震资料处理流程和参数的影响，利用地震叠后资料开展频率含气检测多解性较强，要综合判断，定性分析。另外，吸收衰减是地层各方面综合作用的结果，具体的判断应尽量考虑多个因素，从而较准确地圈定油水界面以及油气的分布范围。

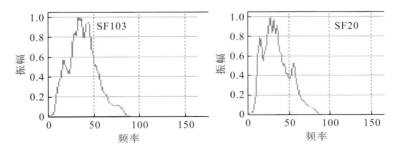

图 6-25　SFBAD 井、SFCA 井旁道振幅谱

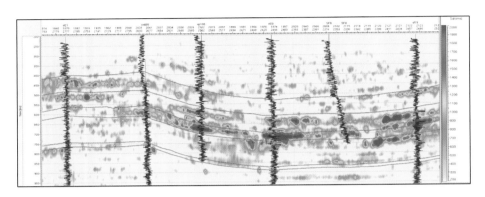

图 6-26　成都气田马井—什邡地区连井地震含气检测剖面

图 6-27　成都气田马井—什邡地区蓬莱镇组 $Jp_2{}^3$ 层衰减梯度含气性检测

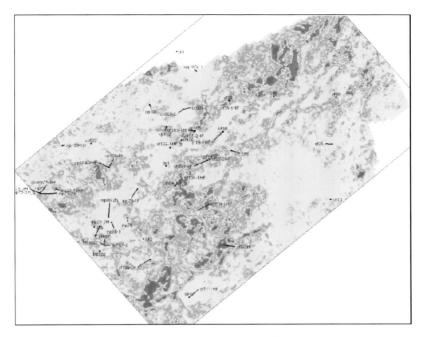

图 6-28 成都气田马井—什邡地区蓬莱镇组 Jp_2^5 层衰减梯度含气性检测

二、基于双相介质理论的地震叠后资料含气性检测技术

实践证明,不同频率的地震反射波特征揭示不同的地下地层岩性、物性及其含流体性。多子波重构就是基于这种思想,选择不同频率的单一地震子波或者子波段,重新合成地震剖面和数据体,提取精度更高的频变各向异性、吸收与衰减等地震属性参数,提供更可靠的流体识别参数,来达到检测和突出研究对象、寻找研究异常的目的。

双相介质理论含气性检测基于 Biot 的孔隙各向异性介质理论,研究了双相各向异性介质中流动和固体骨架形变的力学机制以及地震波传播的规律。根据比奥(Biot)理论,若多孔介质的孔隙单元相互连通,则地震波在含流体的多孔介质中传播时,由于流体和固体的振动相互作用与相互耦合,使孔隙中的流体在孔隙空间流动,从而引起流体和固体颗粒的相对运动,导致波的振幅衰减。振幅衰减项 A 可表示为如下公式:

$$A = \frac{\eta\phi^2}{K}\left(\frac{\partial U}{\partial t} - \frac{\partial u}{\partial t}\right) \tag{6-1}$$

式中,ϕ 为介质孔隙度;K 为介质渗透率;η 为流体黏滞系数;u 为介质固体位移;U 为介质液体位移。

在多相介质中,地震波的振幅衰减与介质的衰减系数 $\frac{\eta\phi^2}{K}$ 及流体与固体的相对运动速度 $\left(\frac{\partial U}{\partial t} - \frac{\partial u}{\partial t}\right)$ 成正比。流体和固体颗粒相对运动速度很小时,也就是流体被骨架"锁住"时,地震波衰减最小而振幅最大,这种现象就是所谓的"共振",这只存在于地震波的某一低频率上。随着频率增加,由于惯性作用,流体与固体之间的相对运动速度增大,在某一频率处，地震波衰减最大，而振幅最小，这种现象就是高频衰减。

在有限带宽内，从低频向高频方向移动时，存在低频衰减最小值和高频衰减最大值。这是双相介质和单相介质的最大区别。再者，由于石油和天然气黏滞系数远比水大，因而油气储层中地震波振幅衰减将相当明显。根据牟永光教授实验室测试，对含气、含油和含水砂岩储层进行了模拟地震实验，观测它们在不同含油、气或含水饱和度下，地震波振幅的衰减情况(图 6-29)，含流体的多相介质的衰减要比不含流体的单相介质的衰减小得多。从图 6-29 可以发现，地震波振幅衰减随含油气饱和度的增加而急剧增大，当含油气达到一定丰度(含油气饱和度大于 60%)时，能量趋于平稳。含水层地震波振幅衰减很小，而且随含水饱和度的增加，几乎不发生变化。

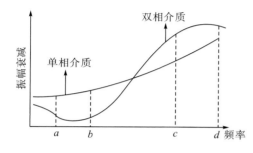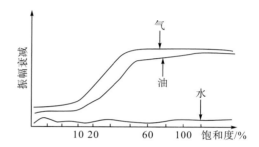

图 6-29　地震波振幅衰减与频率、流体饱和度之间的关系

综上所述，子波分解技术的实现要点如下：

(1)在含油气储层中传播的地震波在某一低频段振幅衰减较小，在某一频率上达到最小，此时能量最大，称为"低频共振"现象。

(2)在某一高频段，振幅衰减达到较大，在某一高频率上达到最大，此时能量最小，称为"高频衰减"现象。

图 6-30 是 MPEC-C 井储层段频谱吸收衰减异常特征标定，可以发现由于 MPEC-C 井含气性好，它的高频衰减特征明显，而且低频段也发生了强烈的共振、高频衰减现象，其共振频率段为 10～30Hz，衰减频率段为 30～70Hz；而 MJBAF 井未出现共振和衰减情况。因此，低频共振、高频衰减主要是在对地震波进行子波分解及重构的基础上，通过储层段含流体时对地震波高频成分的吸收和衰减以及引起的低频成分的共振与围岩形成的差异性来检测储层段的含油气性。

图 6-31 是 Jp_2^2 层的低频共振、高频衰减异常切片图，其结果都比原始数据体上提取的振幅、阻抗属性异常特征更明显，与实钻结果均符合。通过对区内以蓬莱镇组 Jp_2^2 为主要目的层已钻的 29 口井进行统计表明，吸收衰减含气性检测结果与实钻吻合程度很高，其中本区产气量在 $5.0×10^4m^3/d$ 以上中高产井与低频共振(红黄色区)、高频衰减(深蓝色)均吻合，吻合率达 87.46%；产气量在 $1.0×10^4m^3/d$ 与 $5.0×10^4m^3/d$ 之间的低产井，则主要位于低频共振高值区(黄褐色)，高频衰减异常的相对较低值区(蓝黑色)，或处于预测含气区的边缘，如 MJBE 井；产气量在 $1.0×10^4m^3/d$ 以下的干层或低含气井，则不存在低频共振、高频无衰减异常。

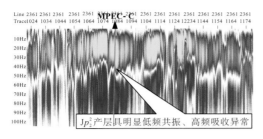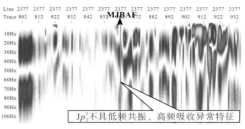

图 6-30　成都气田马井地区 Jp_2^2 气藏（MPEC-C 工业气井、MJBAF 井干层）频谱能量吸收剖面

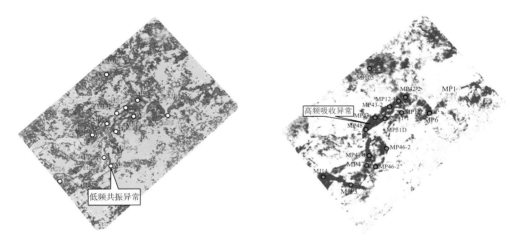

图 6-31　成都气田马井地区蓬莱镇组 Jp_2^2 低频共振（左）、高频衰减（右）异常平面分布图

三、地震叠前含气性检测技术

1. 弹性阻抗反演

根据 AVO 理论，零偏移距（或小偏移距）剖面可近似为声阻抗（acoustic impedance，AI）的函数，它与岩石的密度和纵波的速度有关。为了充分利用大偏移距地震振幅信息，Connolly（1999）引入与入射角有关的弹性阻抗（EI）的概念，Subhashis 和 Mallick（2001）应用弹性阻抗的概念对相应的反演方法进行了研究讨论。

弹性阻抗函数是一个逼近函数，是由策普里兹（Zoeppritz）方程的简化公式推导出来的。舒伊（Shuey）将策普里兹方程简化为

$$R(\theta) = R_0 + \left[A_0 R_0 + \frac{\Delta\delta}{(1-\delta)^2} \right] \sin^2\theta + \frac{1}{2}\frac{\Delta V_P}{V_P}(\tan^2\theta - \sin^2\theta) \tag{6-2}$$

式中，R 为反射系数；R_0 为法线入射项；V_P、ΔV_P 为纵波速度和纵波速度变化率；$\Delta\rho$、ρ 为密度变化率和密度；θ 为入射角；θ_1、θ_2 为上、下层入射角；σ 为泊松比的平均值。

其中，$R_0 = \dfrac{1}{2}\left(\dfrac{\Delta V_P}{V_P} + \dfrac{\Delta\rho}{\rho} \right)$，$A_0 = B - 2(1+B)\dfrac{(1-2\sigma)}{1-\sigma}$，$B = \dfrac{\dfrac{\Delta V_P}{V_P}}{\dfrac{\Delta V_P}{V_P} + \dfrac{\Delta\rho}{\rho}}$，$\theta = \dfrac{\theta_1 + \theta_2}{2}$。

$$\begin{cases} \Delta V_{\mathrm{P}} = V_{\mathrm{P2}} - V_{\mathrm{P1}} \\ V_{\mathrm{P}} = \dfrac{V_{\mathrm{P1}} + V_{\mathrm{P2}}}{2} \end{cases} \qquad \begin{cases} \Delta\rho = \rho_2 - \rho_1 \\ \rho = \dfrac{\rho_2 + \rho_1}{2} \end{cases} \qquad \begin{cases} \Delta\delta = \delta_1 - \delta_2 \\ \delta = \dfrac{\delta_1 + \delta_2}{2} \end{cases}$$

可知 $R(\theta)$ 由 3 个近似独立项组成：

（1）法线入射项 R_0 是 V_{P} 和 ρ 变化率的平均值。

（2）入射角 $0° < \theta < 30°$ 时，R 与介质泊松比密切相关，此范围即为本书研究振幅随炮检距变化的主要区域。

（3）广义反射项，此时 R 仅与 V_{P} 变化率有关。

本书考虑 $\theta < 30°$ 的情况，此时第三项可以忽略。

$$R(\theta) = R_0 + \left[A_0 R_0 + \frac{\Delta\delta}{(1-\delta)^2} \right] \sin^2\theta = P + G\sin^2\theta \tag{6-3}$$

由此可知反射系数 R 与 $\sin^2\theta$ 近似呈线性关系；其截距 P 为法线入射反射系数，斜率 G 与泊松比 σ 有关。由式（6-3）可以看出，两个复合弹性参量之间满足线性关系，该直线的斜率仅与纵、横波速比有关，而直线的截距反映了拟泊松比因子的变化。类似地，该直线的截距直接体现了界面两侧泊松比的变化。由于不同的岩性对应着不同的纵、横波速比和泊松比范围，因此可以利用斜率和截距所反映的岩石物理特性区分岩性的变化。

Shuey 对策普里兹方程进行简化，研究了泊松比对反射系数的影响，奠定了 AVO 处理的技术。

Aki 等（1980）利用斯奈尔定律和策普里兹方程推导出阿基-理查兹（Aki-Richards）关系式：

$$R_{\mathrm{PP}} = \frac{\Delta V_{\mathrm{P}}}{V_{\mathrm{P}}}\left(1 + \tan^2\theta\right) - \frac{\Delta V_{\mathrm{P}}}{V_{\mathrm{P}}} 8K\sin^2\theta + \frac{\Delta\rho}{\rho}\left(1 - 4K\sin^2\theta\right) \tag{6-4}$$

式中，R_{PP} 为纵波反射系数；$K = V_{\mathrm{S}}^2 / V_{\mathrm{P}}^2$。

1999 年，英国石油公司的康诺利（Connolly）提出了弹性阻抗的概念，将非垂直入射时的反射系数，用类同垂直入射时的反射系数形式表现出来：

$$R_{\mathrm{PP}}(\theta) = \frac{\mathrm{EI}_2(\theta) - \mathrm{EI}_1(\theta)}{\mathrm{EI}_2(\theta) + \mathrm{EI}_1(\theta)} = \frac{1}{2}\frac{\Delta\mathrm{EI}}{\mathrm{EI}} \tag{6-5}$$

Connolly 将 Aki-Richards 关系式与式（6-5）联合取对数，推导出弹性阻抗的表达式：

$$\mathrm{EI}(\theta) = V_{\mathrm{P}}^{(1+\tan^2\theta)} V_{\mathrm{S}}^{-8K\sin^2\theta} \rho^{(1-4K\tan^2\theta)} \tag{6-6}$$

弹性阻抗是纵波速度、横波速度、密度和入射角的函数。为了把弹性阻抗与地震数据联系起来，叠加数据必须为某个角度的形式，而不是一个固定偏移距的形式。有几种不同的方法都可以生成本书所需要的叠加角度数据，可以用噪声抑制设计法，也可以用截距与梯度函数的线性组合方法。

自 Connolly（1999）第一次提出弹性阻抗的概念和计算方法后，在此基础上人们又给出了弹性阻抗的多种形式。目前使用比较广泛的是归一化弹性阻抗、扩展弹性阻抗、反射阻抗和广义弹性阻抗等。

针对 Connolly 提出的弹性阻抗量纲和数值随入射角的变化而变化的结论，难以比较不同角度 EI 的问题，弹性阻抗随入射角的不同会产生急剧变化（图 6-32）。

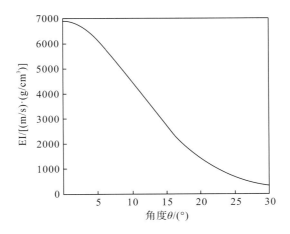

图 6-32　弹性阻抗随角度的变化

因此 Whitcombe（2002）引入常量 V_{P0}、V_{S0}、ρ_0，将弹性阻抗公式改写为

$$\mathrm{EI}(\theta) = V_{P0}\rho_0\left[\left(\frac{V_P}{V_{P0}}\right)^{(1+\tan^2\theta)}\left(\frac{V_s}{V_{s0}}\right)^{-8K\sin^2\theta}\left(\frac{\rho}{\rho_0}\right)^{(1-4K\sin^2\theta)}\right] \tag{6-7}$$

式中，常量 V_{P0}、V_{S0}、ρ_0 通常取纵、横波和密度测井的计算时窗平均值；V_P、V_S、ρ 分别表示纵波速度、横波速度和密度。

当 $\theta = 0°$ 时，归一化弹性阻抗同样退化成声阻抗的表达式。

Connolly 的弹性阻抗是在 Shuey 的线性近似公式的基础上提出的，其中 $\sin\theta$ 的取值为 0～1。然而在实际的地震数据 AVO 线性拟合的公式中会出现大于 1 或小于 0 的情况，针对这种情况，惠特科姆（Whitcombe）Connolly 的弹性阻抗提出了新的弹性阻抗——扩展弹性阻抗（EEI）。

$$\mathrm{EEI}(\chi) = V_{P0}\rho_0\left[\left(\frac{V_P}{V_{P0}}\right)^{(\cos\chi+\tan\chi)}\left(\frac{V_s}{V_{s0}}\right)^{-8K\sin\chi}\left(\frac{\rho}{\rho_0}\right)^{(\cos\chi-4K\sin\chi)}\right] \tag{6-8}$$

式（6-8）相比 Connolly 提出的弹性阻抗，具有两点不同：一是用 $\tan\chi$ 代替 $\sin^2\theta$，自变量的取值空间不受[0，1]的限制，它的变化范围为 $(-\infty, +\infty)$；二是对指数做了一个变换，使得求取的反射系数不会超过 1，同时引入常数 V_{P0}、V_{S0}、ρ_0，将 EEI 变到声阻抗的尺度内以便于比较。声阻抗公式为

$$Z_{\mathrm{EI}}(\theta) = Z_{\mathrm{AI}}^{\cos2\theta}\left(\frac{V_P}{V_S}\right)^{2\sin2\theta} \tag{6-9}$$

式中，Z_{AI} 为声阻抗，通过这些定义可以知道 EI 是 AI 的扩展，也就是在零角度入射时，EI 便可表示为 AI，即 AI=EI(0)，AI 对 $R(\theta)$ 的求解，可以仿照写出 EI 与 $R(\theta)$ 的关系为

$$R(\theta) = \frac{\mathrm{EI}_2 - \mathrm{EI}_1}{\mathrm{EI}_2 + \mathrm{EI}_1} \tag{6-10}$$

地震波垂直入射时的褶积模型(地震道 S 是反射系数 R 和子波 W 的褶积)为

$$S(t) = R(t) * W(t) \qquad (6\text{-}11)$$

为了将弹性阻抗与地震资料联系起来，也可借助褶积模型来建立两者之间的关系(假设没有噪声)，对于与角度相关的数据，褶积模型变成：$S(\theta) = R(\theta) * W(\theta)$，其中，$S(\theta)$ 为角度地震道；$R(\theta)$ 是角度反射系数，它可以通过测井的纵波速度、横波速度和密度，由策普里兹方程的近似公式计算得到；$W(\theta)$ 是角度子波，它是通过反射系数和角道集地震资料而得到的。就像对反射系数 R 进行积分而得到声阻抗一样，角度反射系数可用来计算弹性阻抗。弹性阻抗 EI 并不是一个可以进行物理测量的参量，它是一个通过推导而得出的用来解释地震数据的参量，其值可以通过多种软件计算得到。

叠前弹性反演的迅速发展,证实了其实用性和优越性,特别是与叠后声阻抗反演相比,两者在储层预测和油气检测方面有较大的区别。①弹性阻抗的计算公式中，考虑了入射角与系数的关系，并且反射系数与反射界面两侧岩石的纵波速度、横波速度、密度等参数有关。实际上地下岩石中含流体时，反射波既有纵波又有横波，声阻波抗计算公式中，仅考虑了纵波速度和密度，对岩石的弹性性质仅仅是部分表述，因此叠前弹性阻抗反演更符合地下岩石的弹性特征。②野外采集过程中，地震采集的炮点和检波点存在炮检距，即入射角的地震波基本上不是垂直的，而是存在一定的入射角。非常直入射时，振幅随偏移距的变化而发生变化，振幅的变化与界面两侧岩石的纵波速度、横波速度、密度等参数有关。因此，叠前道集更真实地反映野外实际观测结果和地下实际振幅的变化。而且，在地震资料叠后处理过程中，水平叠加的基础理论条件是地震记录自激自收、振幅不随炮检距的变化而变化，水平叠加损失了隐含在叠前地震道集中的 AVO 信息，并且不符合实际的观测结果，因此，叠后声阻抗反演缺少的反映岩石特性的 AVO 信息主要是横波信息。③叠前反演所使用的测井资料更丰富，不仅有纵波数据，还包括横波数据、密度资料。在分析纵横波速度关系时，还要进一步利用孔隙度、视电阻率、自然伽马、自然电位等资料。特别是当岩石含流体后，纵波速度降低，储层和围岩声阻抗相差不大，岩性分布直方图明显重叠时，仅依靠叠后反演无法解决问题(主要原因是能用于判断区分的参数太少)，而当同时利用横波、纵波、密度及地震资料的 AVO 信息(泊松比、梯度、截距、纵横波速度比等)时，岩性和含油性的判断依据更加充分，精度明显提高。④弹性阻抗的数值有别于声阻抗(一般小于声阻抗)，对油气的反应较声阻抗更为敏感。声阻抗对油气有时敏感有时不敏感，而弹性阻抗却几乎都敏感。具体流程如图 6-33 所示。弹性阻抗计算公式表明，近角度弹性阻抗接近于常规地震波阻抗，远角度弹性阻抗与储层含气性更为敏感，交会远角度和近角度弹性阻抗，以含气饱和度作为第三方色标，圈定含气储层发育区域，图 6-34 为在数据体上沿层解释出 Jp_2^3、Jp_2^5 含气砂体发育区，解释结果地质规律清楚，典型井剖面含气异常与测试结果吻合。单井测试产能与弹性阻抗异常比对，Jp_2^3 层吻合率达 76%，Jp_2^5 层吻合率达 66.7%。

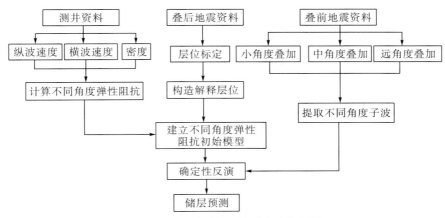

图 6-33　叠前弹性阻抗反演流程框图

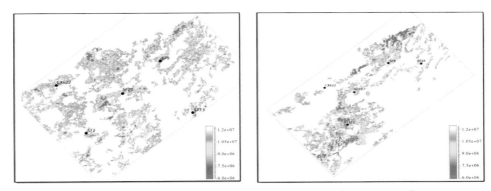

图 6-34　马井—什邡地区含气性检测平面图(左：Jp_2^3 层，右：Jp_2^5 层)

2. 流体密度反演含气性检测技术

流体识别是当今油气勘探中最为复杂的问题之一，国内外地质地球物理研究人员开展了大量针对性研究，从地质、测井和物探等各个方面进行分析和方法探讨，取得了一定的成果。针对不同地域、不同储层类型及不同成藏模式，无论是基于何种基础地质地球物理数据及方法，归根结底大都是对储层的岩性、物性、电性、孔隙、阻抗等属性进行分析研究，根据这些属性因储层气水结构引起的差异来进行气层水层的识别与划分。但是这些方法所研究的物理属性及其表现形式与储层的气水结构间仍存在较为复杂的地质地球物理关系，后续解释工作具有一定的难度和不确定性，且绝大部分都只能提供定性和半定量的判别结果，真正能够准确地识别储层中气水性质的成功方法并不多见。

流体密度识别方法的基础是储层或裂缝中流体含气水饱和程度的差异会引起流体密度效应的差异。它通过利用地震数据的概率神经网络等非线性反演方法，求得储层中的流体密度数据，进而进行储层流体识别及含气性预测。

油气储层一般具有较好的孔隙结构，孔隙中被流体充实。对于裂缝型储层，也可以将裂缝效应当作裂缝孔隙度来考虑。储层的流体密度是储层孔隙中所含各种流体物质的密度的综合效应。在高温高压下岩石孔隙中的纯气体密度可能小于 $0.2g/cm^3$，而水的密度约为

1.0g/cm³，流体密度从水层变化到纯气层，幅值变化非常明显，可达到80%的变化率，且流体密度变化的过程直接对应着孔隙中气水比例，能够直接用来分析储层中的气水性质。例如，在某一地层温度及地层压力等情况下，可以将流体密度为 0.2～0.5g/cm³ 的储层定义为纯气层，流体密度在 0.5～0.8g/cm³ 的储层定义为气水同层，流体密度在 0.8～1.0g/cm³ 的储层定义为水层。因此，流体密度是一个能够直接进行定性和定量气水识别的属性。根据测井资料及地震数据，应用流体密度计算及反演方法获取流体密度的井上结果及三维体结果进行定性和定量分析，可直接判断储层的含油气性质及气水展布关系，而不需要做过多的数值转换及地质地球物理解释。通常情况下，密度测井可以获取得到油气储层的密度数据，测井资料的处理解释可以求取储层的孔隙度数据。依据这两者，根据密度参数的回归计算求取流体密度，并绘制井上的流体密度曲线。

　　数学家施佩希特(Specht)于 1990 年提出了概率神经网络的概念。概率神经网络是一种基于概率统计思想和贝叶斯分类规则的神经网络，它经过 Mastert 等的不断完善和改进，现在已广泛应用于人工智能、图像识别等多个领域，同时在地球物理的属性反演、储层识别等方面也有成功的应用。利用概率神经网络进行地球物理属性参数反演，可以通过它的非线性扩展方式，进行多个属性的组合优选，经过多次的训练学习和概率估算，有效地降低地球物理反演的多解性。它并不需要直接使用反演数据与反演目标之间的数学物理推导，而是通过反演数据与反演目标之间的学习训练，建立数据与目标之间的非线性映射关系，并将该映射关系映射到整个反演数据体，计算得到最终的反演结果，完成学习式反演过程。

　　图 6-35 所示为成都气田马井—什邡地区三维地震数据体反演的流体密度过井剖面与井上流体密度的对比解释。

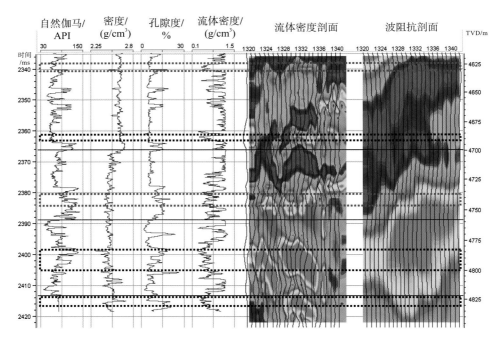

图 6-35　流体密度反演结果与井上流体密度的对比解释

图 6-35 中黑色和深红色的虚线框分别对应着井上流体密度解释得到的富气层和气水同层，可以看到，在流体密度反演结果过井剖面上也可以作出相同的解释结果。按井上流体密度气水划分的标准，储层流体密度在 0.55g/cm³ 以下可以划分为富气层，对应着流体密度过井剖面上的绿色-黄色区域；储层流体密度为 0.55～0.75g/cm³ 划分为气水同层，对应流体密度过井剖面上的黄色-红色区域。

流体密度的反演结果具有很高的纵向和横向分辨率。在纵向上，井点处反演得到的流体密度值与井上的流体密度值基本一致，可以分辨出不到 3m 厚的气水层；在横向上，反演结果受地层构造影响较小，气水关系独立性高，具有较好的横向分辨能力。而对应的波阻抗反演结果因为反演所用地震资料主频低、分辨率低，分辨能力非常有限，只能用来进行大套储层段的划分，对气水识别方面的研究无能为力。流体密度虽然由同一地震数据反演而来，但由于采用了利用多个属性组合优选的概率神经网络学习式反演方法，分辨能力与传统反演方法相比得到极大提高。同时，流体密度直接表明了气水的分布关系，较低的流体密度对应着富气区域，大大降低了气水识别的难度。

对成都气田马井—什邡研究区的勘探开发井进行分析，选取了测井数据资料较好满足计算要求且具有代表性的 7 口井，分别为 SFDA 井、CXGCC 井、SFBD 井、SFCA 井、SFH 井、MPHF 井、SFBH 井。利用孔隙度解释成果及密度测井数据，计算得到井上的流体密度数据。计算井旁地震道的各种属性，如振幅包络、瞬时相位、瞬时频率等。将井上利用测井密度与孔隙度计算得到的流体密度值作为训练目标，进行概率神经网络学习(图 6-36)。

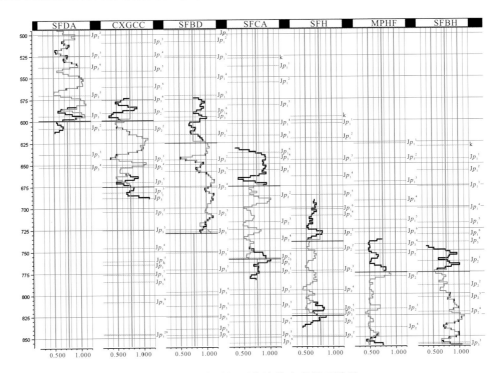

图 6-36　概率神经网络流体密度学习结果

图 6-36 中黑色曲线为目标样本的流体密度，红色曲线为根据神经网络训练后得到的映射关系反演得到的流体密度。可以看到，两者基本一致，相关性很强。用来进行神经网络学习的 7 口井的流体密度与其预测结果总的相关性达到 0.91766，可见神经网络的学习非常有效，预测准确度很高。图 6-37 为 3 条连井叠前密度反演剖面，在这 3 条剖面中，在井点位置低密度基本对应气层，即低密度异常指示气层。

将神经网络训练得到的映射关系推广到整个三维地震数据体反演储层的流体密度，得到三维空间的流体密度反演结果。有了三维反演数据体，就可以提取各个砂组的流体密度平面图，图 6-38 为 Jp_2^3 砂组的流体密度（左）和含气饱和度（右）平面图，高产井都位于低密度异常、高含气饱和度异常的分布区域。经 55 口井实钻验证，Jp_2^3 层吻合率达 75%，Jp_2^5 层吻合率达 63.5%。

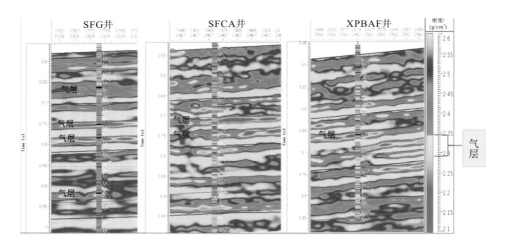

图 6-37　SFG 井、SFCA 井、XPBAF 井蓬莱镇组的叠前密度反演与井密度对比剖面图

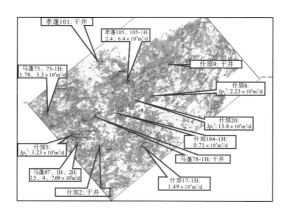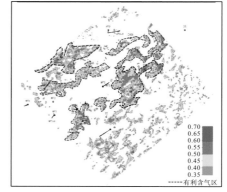

图 6-38　成都气田马井—什邡地区 Jp_2^3 砂体流体密度（左）、含气饱和度（右）平面图

本书主要涉及蓬莱镇组 Jp_1、Jp_2、Jp_3、Jp_4 4 个气藏，共计 23 层（套）气层单元，精细刻画出河道 83 条，预测出含气河道 33 条，富气 9 层（套）河道共 19 条。据实施的 76 口井的测试效果统计表明，直井平均砂岩钻遇率达 100%，优质储层钻遇率为 50.76%，含气性

检测吻合率为 78.9%，获工业气流的成功率为 79.0%，单井平均产量为 $2.25×10^4m^3/d$；水平井顺利实施率达 100%，在水平段平均砂岩钻遇率达 78.89%，优质储层钻遇率为 32.23%，含气性检测吻合率为 70.3%，获工业气流的成功率为 87.5%，单井平均产量为 $3.18×10^4m^3/d$，是直井产量的 1.42 倍（表 6-3）。

川西拗陷侏罗系气藏地震预测研究技术发展到今天，已形成相对成熟的方法技术系列，适用于成都气田马什广地区蓬莱镇组储层预测及含气性研究，尤其是在薄层、窄河道的含气性检测方面取得了实质性突破。主要体现在以下几个方面：

（1）沉积相带以及微相刻画方面的定性预测。储层多属性地震刻画技术 Landmark、Kingdom、VVa、SVI 像素体分频相带刻画技术等都成熟，各具特色。多种平面属性联合描述技术、多体联合可视化技术、多体子体追踪刻画技术、体属性沿层刻画技术等都已得到广泛应用。预测结果与实钻符合，钻井砂体钻遇率达 100%，技术适用。

（2）储层厚度与物性定量预测。常规反演以及分频反演技术等都已成为成熟技术，使用 JASON 等反演软件，能识别最小厚度为 4～8m 的薄层砂体。

（3）储层含气性检测方面。地震叠后、叠前反演，频变属性反演、频谱衰减、流体密度反演、弹性波阻抗反演等含气性检测技术都已逐渐成熟，尽管每个单一方法都有不确定性，但各类方法叠合应用，减少多解性，预测结果与实钻平均吻合率达 74.2%。

可见，成都气田在开发评价阶段依靠地震预测成果为主要依据的井位部署，钻井成功率非常高，对马什广地区产能建设起到了重要的支撑作用。

表 6-3　成都气田马什广地区蓬莱镇组薄层、窄河道含气性检测吻合情况统计表

编号	井名	目的层	井型	测试结果 [气/(10^4m^3/d)；水/(m^3/d)]	含气性检测吻合情况统计				
					反演密度	频变含气性	弹性波阻抗	低频共振	高频衰减
1	SFBAI	Jp_1^6、Jp_2^3	评价井	气 0.18	低密度（吻合）	低值（不吻合）	吻合		
2	MJCB-B	Jp_2^5	开发井	气 1.60	低密度（吻合）	高值（吻合）	吻合		
3	SFDI-C	Jp_3^{7+8}	开发井	气 1.68	低密度（吻合）	高值（吻合）	吻合		
4	SFDAB	Jp_3^8	评价井	气 2.01	低密度（吻合）	高值（吻合）	吻合		
5	SFDAE	Jp_3^{10}	开发井	气 4.02	低密度（吻合）	高值（吻合）	不吻合		
6	SFDAE-B	Jp_3^{10}	开发井	气 0.84	低密度（吻合）	高值（吻合）	吻合		
7	SFDAE-C	Jp_3^{10}	开发井	气 0.98	低密度（吻合）	高值（吻合）	吻合		
8	SFDAF	Jp_3^{10}	评价井	气 0.50	低密度（吻合）	低值（不吻合）	不吻合		
9	SFCAB	Jp_2^3	开发井	气 1.04	低密度（吻合）	高值（吻合）	吻合		
10	SFBDB	Jp_1^3、Jp_3^{10}	评价井	气 3.11	低密度（吻合）	高值（吻合）	吻合		

编号	井名	目的层	井型	测试结果 [气/(10^4m³/d)； 水/(m³/d)]	含气性检测吻合情况统计				
					反演密度	频变含气性	弹性波阻抗	低频共振	高频衰减
11	SFFA-B	Jp_2^{3+5}	开发井	气 0.62	低密度（吻合）	高值（吻合）	吻合		
12	SFBAB-C	Jp_2^3	开发井	气 1.43	低密度（吻合）	高值（吻合）	吻合		
13	MPEAD	Jp_4^3	开发井	气 0.53	低密度（吻合）	低值（不吻合）	不吻合		
14	SFDB-D	Jp_3^{5+6}	开发井	气 13.49	低密度（吻合）	高值（吻合）	吻合		
15	SFDI-E	Jp_3^9	开发井	气 1.14	低密度（吻合）	高值（吻合）	吻合		
16	SFDAB-B	Jp_3^8、Jp_2^4	开发井	气 2.56	低密度（吻合）	高值（吻合）	吻合		
17	SFDAB-C	Jp_3^8	开发井	气 2.60	低密度（吻合）	高值（吻合）	吻合		
18	GJCAB	Jp_2^2	评价井	气 0.33	低密度（吻合）	低值（不吻合）	不吻合		
19	SFDI-G	Jp_3^{7+8}	开发井	气 0.96	低密度（吻合）	高值（吻合）	吻合		
20	SFDI-H	Jp_3^{7+8}	开发井	气 1.40	低密度（吻合）	高值（吻合）	吻合		
21	SFDAG	Jp_3^{7+8}	评价井	气 1.69	低密度（吻合）	高值（吻合）	吻合		
22	SFDAG-B	Jp_3^{7+8}	开发井	气 1.06	低密度（吻合）	高值（吻合）	不吻合		
23	SFDAG-C	Jp_3^{7+8}	开发井	气 2.33	低密度（吻合）	高值（吻合）	吻合		
24	SFDI-D	Jp_3^{78}	开发井	气 0.55	低密度（吻合）	高值（吻合）	吻合		
25	SFDI-E	Jp_3^9；	评价井	气 0.23，水 0.5	低密度（吻合）	低值（不吻合）	吻合		
26	GJF-C	Jp_2^{2+3}	开发井	气 1.27	低密度（吻合）	高值（吻合）	吻合		
27	SFDAH	Jp_3^{10}	评价井	气 8.29	低密度（吻合）	高值（吻合）	吻合		
28	SFDAJ-C	Jp_3^{7+8}	开发井	气 1.02	低密度（吻合）	高值（吻合）	吻合		
29	SFDAI-B	Jp_3^{10}	开发井	气 13.48	低密度（吻合）	高值（吻合）	吻合		
30	SFDI-I	Jp_3^{7+8}	开发井	气 1.85	低密度（吻合）	高值（吻合）	吻合		
31	SFDBD	Jp_3^9	开发井	气 0.85	高密度（不吻合）	高值（吻合）	吻合		
32	SFDI-J	Jp_3^{7+8}	开发井	气 1.69	低密度（吻合）	高值（吻合）	吻合		

编号	井名	目的层	井型	测试结果 ［气/(10⁴m³/d)； 水/(m³/d)］	含气性检测吻合情况统计				
					反演密度	频变含气性	弹性波阻抗	低频共振	高频衰减
33	SFDBC	Jp_3^{7+8}	开发井	气 0.41	高密度 (不吻合)	低值 (不吻合)	吻合		
34	SFDBD-B	$Jp_3^{7+8} \backslash Jp_3^3$	开发井	气 1.23	低密度 (吻合)	高值 (吻合)	不吻合		
36	SFDAH-B	$Jp_3^{10} \backslash Jp_2^2$	开发井	气 2.96	低密度 (吻合)	高值 (吻合)	吻合		
37	MJBAF	Jp_2^2	评价井	气 0.26	高密度 (吻合)	吻合	不吻合	低频增强 (吻合)	高频强衰减 (不吻合)
38	MPBC	Jp_2^2	评价井	气 5.54	高密度 (吻合)	吻合	吻合	低频增强 (吻合)	高频强衰减 (吻合)
39	MPBC-B	Jp_2^2	开发井	气 6.25	低密度 (吻合)	吻合	吻合好	低频增强 (吻合)	高频强衰减 (吻合)
40	MJBE	Jp_2^2	探井	气 0.73	低密度 (吻合)	不吻合	吻合	低频增强 (吻合)	高频强衰减 (不吻合)
41	MPEB	Jp_2^2	评价井	气 6.94	低密度 (吻合)	吻合	吻合	低频增强 (吻合)	高频强衰减 (吻合)
42	MPEB-B	Jp_2^2	开发井	气 1.60	低密度 (吻合)	吻合	不吻合	低频增强 (吻合)	高频强衰减 (吻合)
43	MPEC-D	Jp_2^2	开发井	气 12.86	高密度 (吻合)	吻合	吻合	低频增强 (吻合)	高频强衰减 (吻合)
44	MPED-C	Jp_2^2	开发井	气 5.46	低密度 (吻合)	吻合	吻合好	低频增强 (吻合)	高频强衰减 (吻合)
45	MPB	Jp_2^2	评价井	气 0.04	低密度 (吻合)	不吻合	不吻合	低频增强 (不吻合)	高频强衰减 (吻合)
46	MPEH-B	Jp_2^2	开发井	气 1.38	低密度 (吻合)	吻合	吻合	低频增强 (吻合)	高频强衰减 (不吻合)
47	MPFBD	Jp_2^2	评价井	气 12.90	低密度 (吻合)	吻合	吻合好	低频增强 (吻合)	高频强衰减 (吻合)
48	MPFC	Jp_2^2	开发井	气 16.62	低密度 (吻合)	吻合	吻合	低频增强 (吻合)	高频强衰减 (吻合)
49	MPEG-C	Jp_2^2	开发井	气 3.14	低密度 (吻合)	吻合	吻合	低频增强 (吻合)	高频强衰减 (吻合)
50	SFCA	Jp_2^3	开发井	气 13.85	低密度 (吻合)	吻合	不吻合		
51	CXGAF	Jp_2^3	评价井	气 7.10	低密度 (吻合)	不吻合	吻合		
52	XPBAF-BH	Jp_2^3	开发井	气 6.44	低密度 (不吻合)	吻合	吻合好		
53	CXGAF-B	Jp_2^3	开发井	气 2.63	高密度 (不吻合)	不吻合	不吻合		
54	XQBAF	Jp_2^3	开发井	气 2.41	低密度 (吻合)	吻合	吻合		
55	SFBAE-BH	Jp_2^3	开发井	气 0.71	高密度 (不吻合)	吻合	吻合好		

续表

编号	井名	目的层	井型	测试结果 [气/(10⁴m³/d)；水/(m³/d)]	含气性检测吻合情况统计				
					反演密度	频变含气性	弹性波阻抗	低频共振	高频衰减
56	SFBAC-BH	Jp_2^3	开发井	气 0.21	低密度(不吻合)	吻合	吻合		
57	SFBJ-B	Jp_2^3	开发井	气 0.11	低密度(吻合)	不吻合	吻合		
58	CXGAF-C	Jp_2^3	开发井	气 0.02	低密度(吻合)	吻合	不吻合		
59	XPBBC	Jp_2^3	开发井	气 0.01	低密度(不吻合)	吻合	吻合		
60	SFBJ-B	Jp_2^3	开发井	干层	高密度(吻合)	不吻合	吻合好		
61	SFBAH	Jp_1^5	评价井	气 0.56，水 0.1	低密度(吻合)	吻合			
62	SFBF-BHF	Jp_1^{5+6}	评价井	未求产	低密度(吻合)	不吻合			
63	SFBG-EH	Jp_1^6	评价井	气 0.14，水 24.30	低密度(吻合)	不吻合			
64	GJBG-BHF	Jp_2^2	开发井	气 1.07	低密度(吻合)	吻合			
65	GJG-CHF	Jp_3^{7+8}	开发井	气 1.89	低密度(吻合)	吻合			
66	SFDACH	Jp_3^8	评价井	气 0.80	高密度(不吻合)	吻合			
67	SFDADH	Jp_3^9	评价井	气 6.50	低密度(吻合)	吻合			
68	SFDAIHF	Jp_3^{10}	评价井	气 1.99	低密度(吻合)	吻合			
69	SFDBA	Jp_3^{10}	开发井	气 12.46	低密度(吻合)	吻合			
70	MPEAB-B	Jp_4^3	开发井	气 1.76，水 8.0	低密度(吻合)	吻合			
71	MPEAB-CH	Jp_4^3	开发井	气 2.17，水 8.0	低密度(吻合)	吻合			
72	MPEAE-CH	Jp_4^{2+3}	评价井	气 3.77	低密度(吻合)	吻合			
73	MPHJ-BHF	Jp_3^9	开发井	气 10.52	低密度(吻合)	吻合			
74	SFDAD-BHF	Jp_3^9	开发井	气 2.89	低密度(吻合)	吻合			
75	GJBD-BHF	Jp_3^{7+8}	开发井	气 1.52	低密度(吻合)	吻合			
76	GJCACH	Jp_2^2	开发井	气 4.70	低密度(吻合)	吻合			

第四节　成果推广前景

本书形成了一套适用于含气范围广、埋藏深度较大、储层物性差、非均质性强、气水分布复杂的远源河道致密砂岩储层定量预测技术，成果直接应用于川西坳陷侏罗系气藏开发潜力评价、储层精细描述、产能评价、井位部署与优化调整，实现了储层预测符合率、储层钻遇率及单井产能"三高"，为川西坳陷侏罗系气藏的有效开发和顺利投产奠定了坚实的基础，同时为类似河道砂岩气藏提供了重要参考。

一、典型河道建产分析

针对储层分布有利区（富气区及部分纵向叠合差气区），为了最大限度地提高储量控制程度，提高单井产能及经济效率，采取"整体部署，分批实施，动态调整"思路，分两批进行滚动建产。针对砂体厚度大、横向展布相对稳定区，采用水平井进行开发，最大限度地提高控制单井产能。针对单层含水饱和度较高，但是在纵向上多套砂体叠合的区域，部署直井，实现多层的有效动用和开发。

2013～2014 年，主要针对 Jp_3 气藏 Jp_3^{7+8}、Jp_3^9、Jp_3^{10} 窄河道区富气区及部分差气区进行评价建产，共实施开发井 45 口（12 口水平井），测试产量平均为 $3.0×10^4m^3/d$（其中 10 口井产量大于 $4×10^4m^3/d$，4 口井产量大于 $1×10^5m^3/d$）；投产井（水平井平均单井产量为 $2.5×10^4m^3/d$，直井单井平均产量为 $1.5×10^4m^3/d$），新建产量为 $2.6×10^8m^3/d$（表 6-4）。

2013 年在评价落实的基础上，针对富气区和部分差气区优化部署了实施开发井 34 口（水平井 11 口）（表 6-5），34 口井完成测试投产，新建产能约 $2.0×10^8m^3/a$，取得了较好的建产效果。

11 口完钻水平井砂岩钻遇率为 58%～100%，平均为 83.4%，储层钻遇率为 50%～76.5%，平均为 60%。11 口测试井测试产量平均为 $4.07×10^4m^3/d$。从建产效果看，11 口水平井平均单井产量约 $2.5×10^4m^3/d$，总体上达到预期。其中，7 口达标井（什邡 DB-D 井、什邡 DAB-B 井、什邡 DAB-C 井、什邡 DAE 井、什邡 BDB 井、什邡 DAI-B 井、广金 CAC-C 井）绝大多数位于富气区，投产后产量高，压力递减相对较慢。

23 口直井完钻测试投产。投产井达标（达到产能建设方案，直井单井产量为 $0.8×10^4m^3/d$）达标率为 100%，测试产量为 $(0.5～13.5)×10^4m^3/d$，平均约为 $3×10^4m^3/d$。

针对 Jp_2、Jp_3 气藏剩余"甜点"部署实施了 11 口井（表 6-6），测试产量为 $(0.9～10.1)×10^4m^3/d$，平均测试产量为 $3.7×10^4m^3/d$，其中 5 口井测试产量大于等于 $6×10^4m^3/d$（什邡 DBBHF 井、什邡 DBB-B 井、什邡 DBB-C 井、什邡 DBA-D 井、什邡 DBA-EHF 井），新建产量约为 $0.5×10^4m^3/d$，建产效果显著。

表 6-4　第一批滚动开发实施水平井钻后分析统计表（部分井）

井号	层位	实钻水平段长度/m	砂岩钻遇率/%	储层钻遇率/%	测试情况		
					油压/MPa	套压/MPa	产量/($10^4\mathrm{m}^3$/d)
什邡 DI-FH	$Jp_3{}^8$	919	87	62.6	17.6	18.5	4.4
什邡 DAD-BH	$Jp_3{}^9$	866	95.5	76.5	22.7	21.7	2.9
什邡 BDB-BH	$Jp_1{}^3$	1022	58.2	50	11.3	10.5	2.2
广金 G-CH	$Jp_3{}^{7+8}$	984.7	98.3	76	13.6	14.5	1.9
广金 BD-BH	$Jp_3{}^{7+8}$	965	77.7	60	8	8.2	1.5
马蓬 HJ-B	$Jp_3{}^9$	667	83.1	70.6	4.6	5.2	10.5
什邡 DBAH	$Jp_3{}^{10}$	952	87.9	65	17.9	19.4	12.5
什邡 DAD	$Jp_3{}^9$	762	100	67.2	16	17	6.5

表 6-5　第一批滚动开发实施直井测试及试采情况表

井名	测试层位	测试油压/MPa	测试产量/($10^4\mathrm{m}^3$/d)
什邡 DB-D	$Jp_3{}^{5+6}$、$Jp_3{}^9$	12.5	13.5
什邡 DAB	$Jp_3{}^8$	11.3	2.0
什邡 DAB-B	$Jp_3{}^8$	7.5	2.6
什邡 DAB-C	$Jp_3{}^8$	8.8	2.6
什邡 DAE	$Jp_3{}^{10}$	13.2	4.1
什邡 BDB	$Jp_1{}^3$	11.8	3.1
马井 CB-B	$Jp_1{}^3$、$Jp_2{}^5$	9	1.6
什邡 DAG-C	$Jp_3{}^8$	18.5	2.4
什邡 DAI-B	$Jp_3{}^{10}$	18	13.5
什邡 BAB-D	$Jp_2{}^2$、$Jp_2{}^5$	13.6	1.8
广金 CAC-C	$Jp_2{}^2$	8.2	2.4

表 6-6　第二批部署完钻井测试产量统计表

井名	层位	油压/MPa	套压/MPa	产量/($10^4\mathrm{m}^3$/d)
什邡 DAJ-B	$Jp_3{}^3$、$Jp_3{}^{7+8}$	6	6.1	1.0
什邡 DAJ-C	$Jp_3{}^3$、$Jp_3{}^{7+8}$	6	6	1.0
什邡 DBBHF	$Jp_3{}^9$	8.8	10	6.9
什邡 DBB-B	$Jp_3{}^9$	20.5	22.5	7.7
什邡 DBB-C	$Jp_3{}^9$	18.8	20	9.8
什邡 DAH-B	$Jp_2{}^2$、$Jp_3{}^{10}$	17.3	17.5	2.9
什邡 DBA-D	$Jp_3{}^{10}$	16	16.4	10.1
什邡 DBA-CHF	$Jp_3{}^{10}$	12.5	13.5	3.2
什邡 DBA-EHF	$Jp_3{}^{10}$	11	16.5	6.1
广金 CC-BHF	$Jp_2{}^2$	8.6	—	1.7
新蓬 CB-B	$Jp_3{}^3$	7.6	8.6	2.3

二、本技术应用效果

(1)攻关形成的陆相远源致密砂岩气藏二级(圈闭级和目标级)三元(源、相、位)动态评价技术流程体系应用于气藏的勘探与滚动勘探评价部署,部署实施勘探井 24 口,成功率达 50%,增储效果显著。

(2)指导了川西拗陷侏罗系气藏开发评价与产能建设,实施的 132 口井砂体钻遇率达 100%,储层预测符合率达 90%,实施效果好。

(3)建立的陆相远源致密砂岩气藏高产富集模式,形成的"甜点"预测技术应用于指导评价部署与产能建设。

(4)攻关形成的复杂"窄"河道致密砂岩气藏立体高效开发技术体系应用后提高了单井产能 50%(直井变水平井),提高了储量动用程度 30%,稳产年限提高 2 年,同时立体井网减少了征地,节约了地面集输投资共计 2000 万元。

(5)地质-工程一体化水平井高效压裂改造工艺技术现场成功实施 263 井次,单井输气产量较直井增产 1.1~5.8 倍,实现了大中型陆相远源砂岩气藏的经济高效开发。

本书研究成果支撑马井—什邡—广金蓬莱镇组气藏储量升级:马井—什邡—广金蓬莱镇组气藏在研究期间部署实施 101 口井(评价井 32 口,开发井 69 口),2011~2015 年,累计增加天然气产量 $14 \times 10^8 m^3$,实现收益 22.96 亿元,项目经济效益显著。技术成果的应用有效促进了川西中浅层斜坡带致密河道砂岩气藏的高效开发,技术成果推广应用到中江沙溪庙组气藏开发,新建产能 $8 \times 10^8 m^3/a$,为成都经济区工业发展和居民天然气需求提供能源保障,社会效益、环保效益显著。

三、推广前景

(1)本书形成的陆相远源致密砂岩气藏储层预测与精细描述技术,有效解决了中浅层窄河道致密砂岩气藏有效开发面临的关键技术难题,为该类气藏水平井开发提供了有效的技术方法,对气藏的效益开发建产起到重要作用。

(2)陆相远源致密砂岩气藏在国内外广泛分布,本成果对我国鄂尔多斯盆地、塔里木盆地、松辽盆地等类似的致密砂岩气藏有广泛的推广应用前景,能够为负向构造带致密气藏的效益开发提供可靠的方法借鉴和技术支撑。

参 考 文 献

毕有益,王荟,曹廷宽,等,2019. 川西地区侏罗系水平井设计及跟踪优化技术[J]. 天然气工业(S1):142-148.

卜淘,2018a. 川西拗陷东坡窄河道致密砂岩气藏储层孔喉特征[J]. 地质灾害与环境保护,29(1):97-102.

卜淘,2018b. 川西拗陷东坡侏罗系沙溪庙组三角洲河道砂体构型[J]. 断块油气田,25(5):564-567,578.

卜淘,曹廷宽,2018. ZJ 气田沙溪庙组储层微观孔隙结构及渗流特征研究[J]. 矿物岩石,38(3):104-112.

蔡李梅,叶素娟,付菊,等,2018. 多参数约束的致密砂岩储层渗透率预测方法——以川西拗陷中江气田沙溪庙组为例[J]. 成都理工大学学报(自然科学版),45(4):468-477.

曹廷宽, 刘成川, 曾焱, 等, 2017. 基于 CT 扫描的低渗砂岩分形特征及孔渗参数预测[J]. 断块油气田, 24(5): 657-661.

畅永刚, 史松群, 赵玉华, 等, 2012. 基于 SVD 法三维地震属性优化技术在苏里格气田含气性预测中的应用[J]. 天然气地球科学, 23(3): 596-601.

陈刚, 全海燕, 马敬滨, 等, 2012. 利用地震多属性分析和波阻抗技术提高叠后反演分辨率[J]. 中国矿业, 21(S1): 611-612, 625.

陈志刚, 吴瑞坤, 马辉, 等, 2018. 叠后地震资料几何属性驱动采集脚印压制技术应用效果探讨[J]. 地球物理学进展, 33(6): 2304-2309.

程冰洁, 徐天吉. 李曙光, 2012. 频变 AVO 含气性识别技术研究与应用[J].地球物理学报,55(2).608-613,doi:10.60381/j.issn.0001-5733.2012.02.023.

段永明, 张岩, 刘成川, 等, 2016. 川西致密砂岩气藏开发实践与认识[J]. 天然气地球科学, 27(7): 1352-1359.

段永明, 曾焱, 刘成川, 等, 2020. 窄河道致密砂岩气藏高效开发技术——以川西地区中江气田中侏罗统沙溪庙组气藏为例[J]. 天然气工业, 40(5): 58-65.

范世龙, 蒋涛, 李兴文, 等, 2016. 中江气田中浅层水平井地质跟踪应用研究[J]. 内蒙古石油化工, 42(Z2): 161-163.

付菊, 操延辉, 叶素娟, 等, 2019. 次生致密砂岩气藏甜点综合评价——以四川盆地中江气田侏罗系气藏为例[J]. 天然气工业(S1): 23-29.

高静怀, 王平, 2015. 基于 Synchrosqueezing 变换的地震资料时频分析和衰减估计方法[P]. 中国, CN201510140952.8.

高静怀, 刘乃豪, 吕奇, 等, 2018. 薄互层型油气储层同步挤压变换域分析方法[J]. 石油物探, 57(4): 512-521.

顾战宇, 彭先锋, 邓虎成, 2020. 窄河道致密砂岩气藏的断层有效性评价——以中江气田沙溪庙组为例[J]. 科学技术与工程, 20(8): 2981-2991.

郭培峰, 周文, 邓虎成, 等, 2020. 致密储层压裂真三轴物理模拟实验及裂缝延伸规律[J]. 成都理工大学学报(自然科学版), 47(1): 65-74.

贺振华, 王栋. 2009.扩展流体识别因子及应用[J].矿物岩石, 29(04): 100-103.

黎华继, 严焕榕, 詹泽东等, 2019. 川西拗陷侏罗系致密砂岩气藏储层精细评价[J]. 天然气工业(S1): 129-135.

李忠平, 冉令波, 黎华继等, 2016. 窄河道远源致密砂岩气藏断层特征及天然气富集规律——以四川盆地中江气田侏罗系沙溪庙组气藏为例[J]. 天然气工业, 36(7): 1-7.

林小兵, 刘莉萍, 2007. 利用地震多属性分析技术预测"暗点"型含气储层[J]. 新疆地质, 25(2): 183-186.

凌云, 恵晓宇, 孙德胜, 等, 2008. 薄储层叠后反演影响因素分析与地震属性解释研究[J]. 石油物探, 47(6): 531-558, 17.

刘成川, 曹廷宽, 卜淘, 2020. 薄窄河道致密砂岩气藏高效开发技术对策[J]. 大庆石油地质与开发, 39(2): 157-165.

仇念广, 2019. 叠后地震多属性分析在煤层裂缝识别中的应用[J]. 能源与环保, 41(7): 111-115.

孙万元, 张会星, 杜艺可, 2011. 匹配追踪时频分析及其在油气检测中的应用[J]. 山东科技大学学报(自然科学版), 30(4):7.

田晓红, 2018. 关于地震吸收衰减预测含油气性的思考[J]. 大庆石油地质与开发, 37(4): 157-160.

薛雅娟, 曹俊兴, 2016. 聚合经验模态分解和小波变换相结合的地震信号衰减分析[J]. 石油地球物理勘探, 51(6): 1148-1155, 1050-1051.

于敏捷, 刘洋, 张晶玉, 2015. 叠前地震属性提取及含气性预测[C]// 2015 中国地球科学联合学术年会论文集(十四)——专题40 油气田与煤田地球物理勘探. 中国地球物理学会, 中国地质学会.

曾焱, 黎华继, 周文雅, 等, 2017. 川西拗陷东坡中江气田沙溪庙组复杂"窄"河道致密砂岩气藏高产富集规律[J]. 天然气勘探与开发, 40(4): 1-8.

张艳, 张春雷, 成育红, 等, 2018. 基于机器学习的多地震属性沉积相分析[J].特种油气藏, 25(3): 13-17.

赵迎，2016. 完备总体经验模态分解方法研究及其应用[D]. 青岛：中国石油大学(华东).

Chapman M，2003. Frequency-dependent anisotropy due to meso-scale fractures in the presence of equant porosity[J]. Geophysical Prospecting，51(5)：369-379.

Connolly P, 1999. Elastic impedance[J]. The Leading Edge,18(4):438-452.

Dilay A，Eastwood J，1995. Spectral analysis applied to seismic monitoring of thermal recovery[J].The Leading Edge，14(11)：1117-1122.

Dillon L, Schwedersky G, G Vásquez, et al., 2003. A multiscale DHI elastic attributes evaluation[J]. Leading Edge, 22(10):1024-1029.

Korneev V A, Goloshubin G M, Daley T M, et al., 2004. Seismic low-frequency effects in monitoring fluid-saturated reservoirs[J]. Geophysics, 69(2)：522-532.

Mitchell J T，Derzhi N，Lichma E，1996. Energy absorption analysis：A case study[C]. Denver：SEG 66th Annual International Meeting Expanded Abstracts：1785-1788.

Mitchell M L，Mulherin J H，1996. The Impact of Industry Shocks on Takeover and Restructuring Activity[J]. Journal of Financial Economics，41：193-229.

Ostrrander W J，1984. Plane-wave reflection coefficients for gas sands at non-normal angles of incidence[J]. Geophysics，49(10)：1637-1648.

Russell B R，Hedlin K，Hilterman F J，et al.，2003，Fluid-property discrimination with AVO：ABiot-Gassmann perspective[J]. Geophysics，68：29-39.

Subhashis, Mallick，2001. AVO and elastic impedance[J]. Leading Edge,20(10)：1094-1104.

Smith G C, 1987. Weighted stacking for rock property estimation and detection of gas[J]. Geophysical Prospecting，35(9)：993-1014.

Sun H Q，Wang Y X，Peng J P，2002. Hilbert Transferin Applied to Separation of Waves[J].China Ocean Engineering(2)：239-248.

Whitcombe D，2002. Elastic impedance normalization[J]. Geophysics，67(1)：60-62.